# 아기 낳는 아빠
## 해마

## 아기 낳는 아빠 해마_ 신화 속 바닷물고기

2012년 1월 4일 초판 1쇄 발행
지은이 최영웅, 박흥식

펴낸이 이원중 책임편집 김명희 윤문 및 교정 류종순 디자인 박선아 삽화 박아림
펴낸곳 지성사 출판등록일 1993년 12월 9일 등록번호 제10 - 916호
주소 (121 - 829) 서울시 마포구 상수동 337 - 4 전화 (02) 335 - 5494~5 팩스 (02) 335 - 5496
홈페이지 www.jisungsa.co.kr 블로그 blog.naver.com/jisungsabook 이메일 jisungsa@hanmail.net
편집주간 김명희 편집팀 김찬 디자인팀 정애경

ⓒ 최영웅, 박흥식 2012

ISBN 978 - 89 - 7889- 247 - 6 (04400)
ISBN 978 - 89 - 7889 - 168 - 4 (세트)

이 도서의 국립중앙도서관 출판시도서목록(CIP)은 e-CIP 홈페이지(http://www.nl.go.kr/ecip)에서
이용하실 수 있습니다.(CIP제어번호: CIP 2011005626)

# 아기 낳는 아빠 해마

신화 속 바닷물고기

최영웅
박흥식 지음

■차례

해마를 이야기하려면 우선 '말馬'에 대한 언급이 있어야
할 것입니다. 말은 인간에게 가장 역동적인 느낌을 주는 동
물 중 하나입니다. 그리스 신화나 오랜 전설 속에서 말은 항
상 신과 함께했습니다. 말은 광야를 달리는 데 만족하지 않
고 유니콘이 되어 하늘을 날고, 다시 히포캠푸스해마가 되어
바다를 헤엄치면서 어떤 공간에서나 역동성을 표현하는 동
물입니다.

이제부터 저는 해마에 대하여 이야기하려고 합니다. 몸
과 직각인 머리, 비늘이 아니라 가죽처럼 보이는 피부, 단단
한 근육과 같은 마디 구조에서 충분히 신화 속의 역동적인
해마의 모습을 연상할 수 있습니다. 하지만 30센티미터가 채
안 되는 크기로 소리없이 조용히 움직이면서 겁먹은 듯 주변
을 경계하기 위해 눈동자를 빠르게 굴리고 있는 해마의 실제
모습을 보면 도무지 신화와 연관 짓기가 어렵습니다. 하지만

해마는 오래 전부터 우리 곁에 와 있었습니다.

　얼핏 떠올린 해마의 모습은 가죽으로 된 것 같은 강인한 피부, 근육으로 다져진 듯한 마디를 가지고 있어서 군대의 심벌로 사용되는 강한 인상의 대명사이지만, 실제로 어항 속에서 살아 있는 해마를 보면 나약해 보호하고 싶은 모습을 가진 상반된 이미지가 겹치는 물고기입니다.

　2006년 박사 논문을 마무리하기까지, 해마는 저에게 설렘으로 다가왔지만 마지막에는 연구 과제로서 힘들었던 기억을 남긴 존재였습니다. 하지만 한국해양연구원에서 해마를 연구하며 쌓인 자료들로 마치 박사 논문의 에필로그를 쓰듯 이렇게 다시 펼칠 수 있는 기회를 가진 것을 보면, 해마가 제 인생에서 가장 소중한 인연이 된 것은 분명합니다.

　이 글을 쓰면서 생물학적, 수학적으로 접근했던 과거의 자료들을 정리해 보니 책으로 소개하기에는 분량이 너무도 적었습니다. 한정된 자료만 가지고 있어서 인터넷을 통해 추가 정보를 수집해 보려고 했지만 대부분 알려진 내용들의 반복이었습니다. 그렇게 한 가지 정보라도 더 얻기 위해 노력하면서 이 글을 써 나가는 것은 더욱 더 큰 부담이 되었습니다. 그때 마침 저에게 행운이 찾아왔습니다. 그렇게도 찾기 어려웠던 '해마'라는 키워드의 자료들을 올해 3월 발간된 잡지 〈스쿠버다이버〉를 통해 얻게 된 것입니다. 절대적인 구세주가 되어 준 해마 특집 기사에서 해마를 상세하게 소개해 주신 김인영 사장님께 지면을 빌어 감사를 드립니다. 더불어 귀한 사진을 흔쾌히 제공해 주신 분들께도 감사의 뜻을 전합니다.

우리는 어디서나 쉽게 물고기를 봅니다.

식탁에서, 어항에서, 연못에서…….

하지만 우리와 다른 공간에서 살기 때문인지, 어떤 종류의 물고기를 관심 있게 생각해 본 기억은 별로 없을 것입니다. 여기에 가벼운 마음으로 해마라는 물고기를 잠시 소개하려고 합니다.

지금도 저는 어항 유리를 통해 해마와 첫 눈 맞춤을 했던 기억을 잊지 못합니다.

1부

해마

상어가 공포를 불러일으키는 대표적인 바다 생물이라면, 역동적인 이미지가 강한 바다 생물로는 어떤 것이 있을까? 육지에 사는 생물 중에서는 두말할 것도 없이 '말'을 떠올리겠지만, 바다에서는 비록 30센티미터도 안 되는 작은 체구로 사람들에게 강한 인상을 남기는 생물이 있다. 바로 해마이다. 바다에서도 육지에서 생각해 낸 동물을 연상하면서, 말의 모습과 가장 비슷한 바다의 말, 해마를 기억해 낸 것이다.

해마에 대한 이야기를 들어 본 적이 있는 사람들은, 그리스 신화에서처럼 바다의 신 포세이돈을 등에 태우고 갑옷과 투구를 걸친 모습으로 그 위용을 자랑하며 품위 있게 움직이는 해마가 바닷속 어디엔가 살고 있지 않을까? 하고 상상하게 될 것이다.

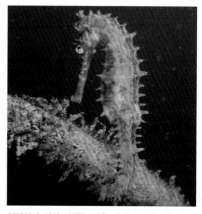

영락없이 말의 머리를 닮은 해마는 마치 갑옷과 투구를 입은 듯한 모습을 하고 있다.

해마가 Sea horse, 海馬, Hippocampus, セイウチ······처럼 세계 어느 나라에서나 동일하게 말을 연상하는 이름을 갖고 있다는 것은 매우 흥미로운 사실이다. 하지만 놀랍게도 이 바다 생물의 삶은 이미지와는 전혀 다르다. 포세이돈이 타고 다니기는커녕 손바닥만 한 작은 체구에 다른 물고기보다도 더 여리고, 예민한 모습을 보여 준다. 심지어 수컷이 새끼를 낳는다. 해마를 알면 알수록 신화 속의 동물과는 도저히 연관 지을 수 없는 생활을 한다. 아마 수족관에서 살아 있는 해마를 보고 과거에 생각했던 해마와 너무나 다른 모습에 실망한 사람도 있을 것이다. 이제부터는 역동적이고 독특한 모습과는 또 다른 아름다운 바다 생물 해마를 만나러 떠나 보자.

# 화석으로 살펴본 해마의 역사

해마海馬는 '바다에 사는 말'이라는 독특한 이름을 가진 물고기이다. 하지만 일반적인 물고기와 전혀 다른 생김새와 특이하게 헤엄치는 모습 때문에 물고기가 아닌 다른 동물로 알고 있는 사람도 많다. 심지어는 '말'이라는 이름 때문에 바다에 사는 포유동물로 알고 있는 사람이 있을 정도이다. 하지만 해마는 엄연히 물고기이다. 물고기와 해마의 모습을 함께 떠올려 본다면 도대체 해마가 어떻게 물고기에 속한다는 것인지, 물고기에서 어떻게 진화되어 온 것인지 연관성을 찾기가 쉽지 않다. 다만, 해마의 생김새를 찬찬히 살펴보면 아가미와 몇 개의 지느러미가 있어서 물고기와 연관이 있지 않을까 생각될 뿐이다.

최근에는 유전자 분석이라는 첨단의 과학적 방법으로 생물들의 조상과 진화 과정을 쉽고 빠르게 밝힐 수 있지만, 예전에는 생물들 간의 연관성을 찾으려면 필수적으로 고생물학古生物學을 연구해야만 했다. 즉, 해마와 물고기의 연결 고리를 찾기 위해서는 물고기 화석 자료를 먼저 정리하여 과거로부터 이어져 내려오는 관계를 거슬러 올라가며 찾아야 했다.

　　해마가 물고기로부터 진화했다는 사실은 최근에 발견된 해마와 유사한 모습의 화석들에서 확인할 수 있다. 2004년 이탈리아 북부의 에밀리아로마냐 주에 위치한 마레치아Marecchia 강에서 약 300만 년 전의 것으로 추정되는, 해마와 유사한 모양의 화석이 발견되었다. 2005년에는 슬로베니아의 툰지스Tunjice 지방에서 이것보다 훨씬 오래된 1300만 년 전신생대 제3기과 500만 년 전의 것으로 추정되는 두 종류의 물고기 화석이 발견되었다.

　　이들 화석은 얼굴과 꼬리 모양이 지금의 해마와 매우 비슷하다. 몸 전체가 길게 뻗어 있고 길쭉한 주둥이를 가지고 있어서 실고기Pipe fish와 비슷하다고 느낄 수도 있지만, 머리 부분이 해마처럼 몸통과 직각으로 되어 있어서 실고기보

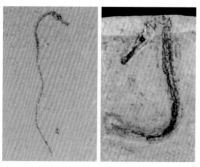

**화석으로 발견된 해마의 조상** 슬로베니아에서 발견된 약 1300만 년 전의 화석(왼쪽)과 500만 년 전 화석(오른쪽)

다는 해마의 조상으로 해석할 수 있다. 오히려 이 화석들은 실고기와 해마가 공통의 조상에서 진화한 것이라는 가능성을 추측하게 하는 근거가 되었다. 학자들은 이들을 해마의 최초 조상이라는 의미에서 *Hippocampus sarmaticus*와 *H. slovenicus*라고 이름 붙이고 지금까지 발견된 가장 오래된 해마 화석으로 결론지었다. 또한 이 화석 물고기들이 오랜 기간 동안 살아가면서 진화를 거듭하여 현재의 실고기, 해마, 파이프호스Pipe horse 등으로 나누어졌다는 가설을 주장하고 있다. 하지만 안타깝게도 이들이 발견된 이후에 다른 화석이나 기록들이 나타나지 않아서, 해마의 조상이 되는 물고기들이 도대체 언제부터 지구상에 나타났으며 어떤 모습으로 진화 과정을 거쳤고 언제 사라졌는지는 확인되지 않고 있다.

## 물고기의 역사

물고기가 지구상에 처음 나타나기 시작한 것은 지금으로부터 약 4억 5000만 년 전으로, 고생대 오르도비스기 말기로 추정하고 있다. 공룡이 지구상에 나타난 시기가 약 2억 3000만 년 전인 중생대 트라이아스기이고, 인류가 처음 출현한 것이 약 200만 년 전인 신생대 4기인 것에 비하면 물고기의 역사는 다른 동물들에 비해 아주 오래 되었다고 할 수 있다.

최초의 물고기는 지금과 같이 하나의 단단한 턱뼈를 가진 것이 아니라 마치 영화 「에어리언」에 나오는 괴물처럼 여러 조각의 이빨들이 이어져 있는 턱 구조를 가지고 있어서 작은 물고기는 물론이고 자신의 입보다 큰 물고기까지 다양한 크기의 먹이를 삼킬 수 있었다. 머리는 사람의 해골 구조와 같이 단단한 껍질로 덮여 있고, 몸 표면에는 비늘이 없었다. 머리를 감싸는 단단한 껍질이 갑옷과 같다고 하여 '갑주어' 라고 불렸던 이 최초의 물고기는 실루리아기를 거쳐 데본기까지 약 1억 년간 원시 바다를 누볐다. 갑주어가 나타난 이후, 5000만 년이 지난 4억 년 전에 지금의 물고기처럼 하나로 이어진 턱을 가진 물고기가

갑주어의 머리 화석 정면(왼쪽)과 측면(오른쪽)   머리뼈는 단단하고 턱은 여러 개의 뼈가 이어져 있다.

출현하였다. 하지만, 이들 역시 갑주어가 사라질 즈음인 2억 8000만 년 전 이후에도 계속해서 살았다는 기록은 아직 발견되지 않았다.

원시 물고기들은 단단한 뼈가 아니라 얇은 플라스틱 같이 연한 뼈를 가지고 있었다. 홍어나 상어는 지금도 이런 원시 물고기들과 유사한 뼈 구조를 가지고 있다. 이렇게 연한 뼈를 가지고 있는 물고기를 연골어류軟骨魚類라고 한다. 최초의 연골어류는 갑주어가 주로 살았던 3억 7000만 년 전 고생대 데본기 중기에 나타났으며, 약 1억 8000만 년 전 쥐라기에는 홍어와 비슷한 물고기가 나타났다. 그 후 상어의 조상과 가오리도 등장하였다.

지금 지구상에서 가장 많은 수를 차지하고 있는 물고기는 단단한 뼈를 가진 종류로 경골어류硬骨魚類라고 부른다. 이들은 연골어류가 나타난 시기보다 2000만 년 후인 3억 5000만 년 전에 지구상에 나타났다. 경골어류는 다시 폐어류肺魚類와 총기류總鰭類, 조기류條鰭類로 나눌 수 있다.

폐어류는 아가미로 호흡하지 않고, 부레가 아가미를 대신하여 폐와 비슷하게 공기 호흡을 하였다. 따라서 물고기라기보다는 지금의 개구리와 같은 양서류나 뱀, 거북, 자라 등이 포함된 파충류의 조상으로 알려져 있다. 폐어류는 3억 5000만 년 전에 지구에 살았다는 증거가 화석으로 발견되고 있는데, 더욱 놀라운 것은 지금도 아프리카와 오스트레일리아에서 살고 있다는 사실이다.

총기류도 폐어류와 비슷한 시기에 지구상에 나타났으나, 1억 년 전인 중생대 백악기 이후 지구상에서 자취를 감춘 것으로 알려져 있었다. 그러나 1938년에 남아프리카 마다가스카르 섬 부근에서 역시 살아 있는 것이 확인되었다. 이름은 '실러캔스'

**살아 있는 화석동물 실러캔스** 가슴지느러미가 잘 발달한 실러캔스

로 지금까지 30여 마리가 채집되었는데, 살아 있는 화석동물이라 불리고 있다. 실러캔스는 물고기가 양서류로 진화하기 전 모습으로, 목이 길어지기 시작하고 가슴지느러미가 발달하여 다리로 변하는 모습을 그대로 간직하고 있다.

조기류는 지금 우리가 경골어류라고 일컫는, 단단한 등뼈를 지닌 대부분의 물고기들을 말한다.

## 지질 연대에 따른 물고기 출현 시기

| 대 | 기(세) | | 연대 | 생물 정보 | 환경 |
|---|---|---|---|---|---|
| 시생대 | | | 38~25억 년 전 | 단세포생물 | 대기 형성 |
| 원생대 | | | 25~5.7억 년 전 | 박테리아 | |
| 고생대 | 캄브리아 | | 5.7~5억 년 전 | 삼엽충 | 해양 생물 광합성 |
| | 오르도비스 | | 5~4.3억 년 전 | **원시 물고기, 갑주어** | |
| | 실루리아 | | 4.3~3.9억 년 전 | | |
| | 데본 | | 3.9~3.4억 년 전 | 폐어, **연골어류** | **어류 시대** |
| | 미시시피 | | 3.4~3.2억 년 전 | 산호초, 양서류 | |
| | 석탄 | | 3.2~2.8억 년 전 | 파충류, 양치식물 | 석탄층 형성 |
| | 페름 | | 2.8~2.3억 년 전 | 생물 대멸종 | |
| 중생대 | 트라이아스 | | 2.3~1.9억 년 전 | **공룡 출현** | |
| | 쥐라 | | 1.9~1.3억 년 전 | 공룡, **경골어류** | 지중해 형성 |
| | 백악 | | 1.3~0.6억 년 전 | 속씨식물 | 온화한 기후 |
| 신생대 | 3 | | 60~2백만 년 전 | 포유류, **해마** | 지각운동 |
| | 4 | 홍적 | 200~1만 년 전 | 원시 인류 | 빙하기 |
| | | 충적 | 1만 년 전~ | 현생 인류 출현 | |

# 물고기와 다른 독특한 생김새

### 독특한 해마의 모습

해마는 물속을 헤엄쳐 돌아다니는 물고기와 달리 마치 꼿꼿이 서 있는 것 같은 모습을 하고 있다. 해마도 물고기처럼 지느러미를 움직여서 추진력으로 사용하지만 실제로는 지느러미의 움직임을 거의 관찰할 수 없다. 마치 로봇처럼 서 있는 모습을 유지한 채 꼬리를 감거나 길게 늘어뜨리고 물속을 조용하게 이동한다. 또 물고기가 가만히 있을 때에는 가슴지느러미를 살짝 움직이면서 한 자리에 정지해 있는 것처럼 보이는데, 해마는 원숭이가 나무에 매달려 있는 것처럼 꼬리를 산호나 해조류에 감아 몸을 지탱하고 있다.

해마의 모습 중에서 가장 두드러지는 부분은 머리이다.

머리 위에서 본 해마 모습(왼쪽), 튀어나온 해마의 두 눈은 각각 다른 방향을 볼 수 있다(오른쪽).

해마의 머리는 몸통과 직각을 이루고 있어서 말의 모습과 비슷하며, 주변에는 뾰족한 돌기 모양의 관coronet을 가지고 있다. 눈은 마치 카멜레온과 같이 양쪽을 각각 따로 움직일 수 있어서 주변을 넓게 탐색하기에 좋다.

몸통에는 11~13개, 꼬리에는 31~43개의 마디가 있는데, 마디의 개수는 해마 종류에 따라 차이가 난다. 특히 꼬리에 있는 마디는 근육 구조로 되어 있어서, 꼬리를 마치 주름 호스 모양으로 감거나 다른 물체를 휘어 감기에 좋다.

해마의 피부는 물고기와 같은 비늘은 없지만 골판질로 되어 있어서 딱딱하고 상처가 잘 나지 않는다. 피부 표면에는 아주 미세한 털이 나 있다. 해마는 주변 환경에 따라 또는 다른 해마에게 관심을 표현하기 위해 털을 움직이면서 몸 색깔을 변하게 할 수 있다.

검은색을 가진 해마는 흰색과 검은색, 심지어 점박이 모습으로 색깔을 변화시킬 수 있으며,

**피그미해마** 산호와 같은 색으로 몸 색깔을 바꾸고 살아간다.

다른 색깔을 가진 해마들도 옅은 색과 진한 색으로 필요에 따라 몸 색깔을 바꿀 수 있다. 이렇게 몸 색깔을 바꿀 수 있는 능력은 거친 자연 속에서 살아남는 데 매우 중요한 생존 전략 중의 하나이다. 해마는 같은 종류라고 해도 지역에 따라 색깔이 다른 경우가 있다. 그래서 처음 해마를 분류할 때 몸의 색깔을 중요한 기준으로 하여 종류를 나누었던 탓에 실제로 존재하는 해마의 종보다 훨씬 더 많은 종이 기록되기도 하였다.

물고기와 같은 점, 다른 점

몸에 비늘이 없고 딱딱한 갑옷을 둘러 입은 듯한 강인

21

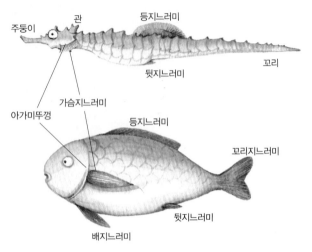

**해마와 물고기의 몸 구조 비교**

한 모습을 하고 있는 해마와는 달리, 물고기의 피부는 대부분 비늘로 덮여 있거나 점액질로 보호되고 있으며 몸체는 머리, 몸통, 꼬리와 지느러미의 네 부분으로 나누어진다. 물고기의 지느러미는 위치에 따라 등에 있는 등지느러미, 배 뒷부분에 뒷지느러미, 꼬리에 꼬리지느러미, 그리고 아가미 바로 밑에 좌우로 각각 한 쌍씩 가슴지느러미와 배지느러미로 세밀하게 나뉜다. 물고기와 해마의 생김새만을 비교해 본다면 해마는 도저히 물고기와 연관 지어 생각하기가 쉽지 않다. 겉모습부터 이렇게 많이 다른 해마가 어떻게 해서 물고기에 속할 수 있는 것인지 공통점과 다른 점을 각각 찾아보도록 하자.

우선 해마와 물고기는 아가미로 호흡하고 지느러미를 이용해 움직인다는 공통점이 있다. 반면에 차이점으로는 해마는 물고기와 다르게 피부 표면에 비늘이 없고, 무언가를 감을 수 있는 꼬리를 가지고 있다. 또한 물고기는 지느러미가 발달해 있지만 해마는 배와 꼬리 지느러미가 그저 흔적만 남아 있다.

이러한 생김새 외에 행동에서도 차이를 보인다. 가장 특징적인 것은 헤엄치는 모습이다. 물고기는 머리를 진행 방향 맨 앞쪽에 오게 하고, 꼬리지느러미를 좌우로 움직여 앞으로 이동하는 데 비해, 해마는 몸을 세우고 등지느러미를 물결 모양으로 좌우로 움직여 앞으로 나아가는 힘을 얻고 가슴지느러미로는 움직이는 방향을 조절한다. 그러나 해마의 등지느러미는 몸에 비해 길이와 크기가 작을 뿐만 아니라 꼬리지느러미를 주로 사용하는 물고기와 같이 역동적으로 몸통을 좌우로 흔들어서 동력을 얻지 못하므로 움직이는 속도가 매우 느리다. 이렇게 몸은 길쭉한데 꼬리지느러

1 해마는 이동할 때에 꼬리를 길게 늘어뜨릴 때도 있고 2 감고 있을 때도 있다. 3 해마처럼 물속에서 선 채로 헤엄을 치는 갈치 4 해마는 길쭉한 몸의 생김 때문에 장어형 체형으로 분류되고 있다.

미가 퇴화된 모습 때문에 해마는 장어형長魚形 체형으로 분류된다. 해마처럼 서서 헤엄치는 물고기로는 갈치가 있는데, 갈치는 등 전체에 길게 등지느러미가 발달해 있어 해마와 비교할 수 없을 정도로 헤엄을 잘 친다.

해마가 결정적으로 물고기와 차이를 보이는 것은 바로 새끼를 낳는 방식이다. 대부분 물고기는 알을 낳는 데 비해, 해마는 알을 바로 낳지 않고 아빠가 배안에 품어서 알을 부화시킨 후에 영양분과 산소를 공급하며 일정한 시간이 흘러 새끼가 어느 정도 자라면 밖으로 내보낸다. 그래서 마치 아빠가 새끼를 낳는 것처럼 보인다. 물고기가 알을 낳을 때가 되면 암컷은 배가 불러오고, 아래쪽에 알을 낳을 수 있는 관이 생긴다. 알을 낳기 위해 준비하는 모습은

**임신 중인 수컷 해마**

해마 암컷도 물고기와 다를 것이 없지만, 배가 불러오는 크기를 비교해 보면 해마 암컷이 물고기 암컷에 비해 상대적으로 작다. 반면 몸에 큰 변화가 없는 물고기 수컷과 달리 해마 수컷은 알을 받아 품기 위해서 배에 어미 캥거루처럼 알을 키울 수 있는 주머니<sup>보육낭</sup>가 만들어진다. 그래서 이때는 암컷과 수컷의 배 모양이 확연하게 달라지는 것을 볼 수 있다. 어린 해마는 암컷과 수컷을 구분하기가 쉽지 않은데, 어른이 되어 알을 낳을 시기가 되면 신체적 차이가 뚜렷하게

나타나다. 수컷은 보육낭이 생기고, 암컷보다 꼬리도 길어진다. 해조류나 산호 등을 꼬리로 감고 생활하는 해마의 생활 방식으로 볼 때, 임신 기간 동안 보육낭에서 알을 관리하고 부화시켜 새끼로 출산하는 과정을 거쳐야 하는 수컷이 암컷보다 에너지 소모가 많기 때문에 더 길고 튼튼한 꼬리를 갖게 되는 것이라고 주장하는 이들도 있다. 해마 암컷은 보육낭이 없으며 꼬리가 짧기 때문에 수컷에 비해 상대적으로 몸통이 길어 보인다. 수컷은 평상시에는 보육낭이 작지만, 임신을 하게 되면 배가 옆으로 크게 불러온다.

물고기의 생김새

물고기는 4억 5000만 년이라는 긴 시간 동안을 살아오면서 여러 가지 모습으로 진화하였다. 물고기가 수많은 종으로 다양하게 진화되어 온 가장 큰 이유는 살아가는 환경에 적응하기 위해서일 것이다. 물고기의 전체적인 형태를 비교해 보면 방추형, 측편형, 종편형, 장어형, 구형 등 크게 다섯 가지로 나눌 수 있다. 물고기가 움직이는 속도에 가장 영향을 미치는 것이 바로 전체적인 모습이다.

가장 일반적인 물고기 형태는 방추형紡錘形으로, 고등어나 다랑어 등 옆에서 보면 마치 포탄과 같이 매끈한 유선형으로 된 모습이다. 일반적으로 우리가 가장 많이 볼 수 있는 물고기 모양이기도 하다. 방추형 물고기들은 물속에서 빠르게 헤엄칠 수 있는 가장 적합한 형태를 갖추었다. 참고로 세계에서 가장 빠르게 헤엄치는 물고기는 「노인과 바다」라는 소설에도 나오는 새치류이다. 이들은 무려 시간당 120킬로미터의 속도로 헤엄칠 수 있다. 또 우리가 즐겨 먹는 참치는 다랑어류에 속하는데, 다랑어류도 시속 50킬로미터의 속도로 빠르게 헤엄을 친다.

**세상에서 가장 빠른 물고기 중의 하나인 참치**

지난 2010년 광저우 아시안게임의 수영 100미터 경기에서 우리나라의 박태환 선수가 금메달을 획득했을 때 기록한 수영 속도가 시속 7.2킬로미터였던 것을 생각하면 새치류와 다랑어류의 수영 속도를 가히 짐작할 수 있을 것이다. 이들 방추형 물고기가 헤엄치는 모습을 보면 몸을 좌우로 흔들면서 'S' 자 형태로 움직이며 꼬리지느러미를 강하게 쳐서 앞으로 나아가는 추진력을 얻는 방식으로 움직인다. 방추형 물고기는 주로 수면으로부터 수심 100미터 이내에 살고 있는데, 바다의 평균 수심이 4000미터 정도인 것을 감안하면, 수면 근처에서 산다고 할 수 있다. 이것은 너무 깊은 곳으로 들어가면 수압과 밀도가 높아져서 헤엄치기가 어렵고, 먹이가 될 만한 것들도 대부분 수면 가까이에 살고 있기 때문이다. 방추형 물고기들은 빠른 속도로 움직이기 때문에 물속에서 먹이를 잡는 능력도 뛰어나다.

다음은 쥐치나 병어처럼 양 옆에서 눌러 놓은 것 같은 형태의 측편형側偏形 물고기가 있다. 여기에는 바닥에 사는 넙치광어나 가자미류도 포함된다. 몸이 좌우로 납작하여 방추형 물고기와 같이 'S' 자 형태로

**다양한 형태의 물고기 1** 방추형 물고기 잭피쉬 **2** 종편형 물고기 가오리 **3** 장어형 물고기 곰치 **4** 구형 물고기 노랑거북복

몸을 휠 수 있는 능력이 거의 없기 때문에 가슴지느러미와 꼬리지느러미를 이용하여 앞으로 나아간다. 바닥에 붙어서 사는 가자미류는 입이 아래쪽에 있고 배가 넓어서 주로 큰 가슴지느러미를 움직여서 이동한다. 다시 말하면, 몸이 좌우로 납작하기 때문에 방추형 물고기처럼 'S' 자형으로 움직이지 못하고 상하 'W' 자 형으로 움직여서 추진력을 내기 때문에 마치 양탄자가 펄럭이는 것과 같이 활공하면서 바닥 부근을 헤엄친다. 순간 이동 능력은 매우 빠르지만, 방추형 물고기와 비교

하면 오랫동안 헤엄치지 못하는 단점이 있다.

반대로 가오리와 같이 위에서 납작하게 눌러 놓은 것 같은 형태는 종편형縱偏形으로 분류한다. 이들은 지느러미를 이용하여 헤엄치기보다는 펼쳐진 몸통을 마치 새의 날개와 같은 형태로 움직여서 물속을 이동한다.

뱀장어와 같이 길쭉한 물고기는 장어형長魚形으로 구분한다. 주로 수면 부근이나 바닥에 살기 때문에, 헤엄치는 능력을 담당하는 가슴지느러미와 꼬리지느러미가 작아져서 헤엄치는 속도는 상대적으로 느리다. 마치 뱀과 같이 몸을 'S자' 형으로 움직여서 헤엄을 친다.

마지막으로 복어와 같이 둥글둥글한 물고기는 구형球形으로 분류한다. 이들은 평상시에는 측편형 물고기처럼 가슴지느러미와 꼬리지느러미를 이용하여 이동하지만, 워낙 느려서 포식자를 만나면 공처럼 자기 몸을 부풀려 상대를 위협하여 위기를 모면한다. 몸을 부풀린 상태에서는 이동 능력이 거의 없으며, 몸이 이전 상태로 돌아간 후에야 비로소 헤엄칠 수 있다.

# 물고기 분류를 통해 본 해마

　해마를 분류학적으로 정리하면 큰가시고기목目 실고기과科 해마속屬에 속한다. 해마는 오직 단 한 개의 속屬으로 정리되어 있으며, 지금까지 전 세계적으로 54종種이 분류되어 있다[141쪽 부록 참조]. 해마는 DNA와 같은 유전자 연구가 아닌 외부 형태를 가지고 종을 분류하던 1990년대까지는 지구상에 120종 이상이 서식하는 것으로 알려져 있었다. 이렇게 해마 종류가 지금보다 많이 분류되어 있던 것은 그때까지 살아 있던 많은 종이 근래에 멸종한 것이 아니라, 해마 분류가 그만큼 까다롭고 여러 가지 어려움이 있었기 때문이다. 우선, 해마를 연구하고 분류하기에는 살아 있는 개체 수가 너무 적어서 분류에 필요한 충분한 양을 얻기 어려웠다. 또

한 해마는 성장하는 동안 전혀 다른 종처럼 생김새가 변하기도 해서 어린 개체와 다 자란 성체의 겉모습이 다른 경우가 있어서 이를 서로 다른 종으로 오해하기도 하였다. 즉, 새끼 해마가 자라서 어른 해마가 되기까지 몸의 색깔, 몸 표면에 나 있는 털과 돌기의 모양이 전혀 다르게 변해 가기 때문에 같은 종이지만 다른 이름으로 불려지는 일이 종종 있었다. 가장 많이 혼동을 일으킨 것은 주변 환경에 따라, 같은 종류의 해마 몸 색깔이 달라지는 것이다. 이 때문에 해마의 종種 수가 많아질 수밖에 없었다. 그러나 최근에는 해마를 장기적으로 사육하면서 자라는 동안 변해 가는 모습을 관찰하기도 하고, 유전학적으로 접근해 분류하는 방식을 적용함으로써 해마의 종種 수는 정리되었다.

## 해마가 속한 실고기과 물고기들

해마의 분류에 대해 이야기하려면 먼저 해마가 속해 있는 실고기과 물고기들에 대해 알아보아야 할 것이다. 실고기과 물고기들은 다른 물고기에 비해 길쭉한 막대기 모양의 몸과 빨대 같이 긴 주둥이, 물고기보다는 뱀처럼 생긴 꼬리를 가지고 있다. 다른 물고기들이 가지고 있는 가슴지느러

해마의 친척인 실고기과 물고기들

미, 배지느러미 등은 거의 퇴화하였거나 아주 작아서 눈으로 확인하기 어려울 정도라서 등지느러미로만 헤엄쳐 이동할 수 있다. 지금까지 실고기과에는 약 215종이 분류되어 있어서, 전체 실고기과 물고기 가운데 해마속이 차지하는 비중은 약 25퍼센트 정도이다.

실고기과 물고기에는 해마와 모양이 비슷한 종들도 있는데 파이프호스와 해룡海龍이 대표적이다. 파이프호스

파이프호스          해룡

는 해마와 비슷한 환경을 좋아해서 산호초coral reef, 맹그로브mangrove, 해조류algae 그리고 잘피sea grass 지역에서 살고 있다. 겉모습은 실고기와 해마를 섞어 놓은 듯한데, 주둥이는 트럼펫 형으로 길쭉하고 머리에는 돌기鰭를 갖고 있으며 머리가 몸통에서 약간 꺾여 있다. 해마와 마찬가지로 이동 속도는 느리지만 몸 색깔을 주변과 같은 색으로 바꿀 수 있어서 위장 능력은 뛰어나다. 이렇듯 파이프호스는 실고기가 진화한 형태인 동시에 해마의 모습을 가지고 있어서, 실고기와 해마의 중간 단계로 해석하기도 한다.

　해룡은 바닷속에서 헤엄치는 모습이 마치 상상 속의 동물인 용龍과 비슷하다고 해서 '바다의 용'이란 뜻으로 해룡이라는 이름이 붙여졌다. 오스트레일리아 남부 해역에서만 살고 있으며 지금까지 지구상에서 관찰된 것은 단 3종뿐이다. 해룡은 해마와는 다르게 전체 생김새가 길쭉한 형태로 최대 45센티미터까지 자란다. 머리, 등, 배, 꼬리에 나뭇잎 모양의 지느러미를 가지고 있어 마치 바닷속을 떠다니는 풀처럼 보이는 것이 특징이다. 주둥이는 관 모양으로 이빨이 없으며, 헤엄쳐 다니는 작은 새우를 마치 진공청소기처럼 빨아들여 잡아먹는다. 해룡이 해마와 다른 점은 꼬리로 무언가를 감을 수 있는 능력이 없다는 것이다. 하지만 지느러미가 해조류나 나뭇잎처럼 생겨서 위장술은 매우 뛰어나다. 해룡은 제한된 공간에서만 서식하고 있는데다가 행동 또한 매우 느려 천적에게 공격받을 경우 도망칠 능력이 거의 없다. 그러나 해룡에게도 가장 위험한 천적은 사람이다. 독특한 생김새 때문에 관상용으로 매우 인기가 높아 비싸게 팔리므로 늘 포획의 대상이 되어 왔다. 최근에는 바닷가에 양식장들이 들어서고 해안을 개발하는 등 해룡의 서식지가 훼손되면서 개체 수가 급격히 줄어들고 있어서 세계자연보전연맹IUCN에서 멸종위기종으로 지정하여 보호하고 있다.

## 해마의 종 분류법

다양한 해마를 종種에 따라 분류하는 방법은 학자마다 의견이 다를 수도 있겠지만, 크게 4가지 특징을 기준으로 삼아서 나누고 있다. 첫 번째는 몸 전체 길이와 색깔 그리고 무늬로 구별하는 것이다. 이런 요소들은 물고기 종을 구분할 때 가장 기본적인 기준이자 가장 많이 쓰는 방법이다. 해마 머리 위에 있는 관 끝에서 꼬리 끝까지의 길이, 즉 몸 전체의 길이와 함께 관의 높이, 몸의 색깔과 무늬를 비교하여 별개의 종으로 나눈다. 앞에서도 잠깐 이야기했듯이 예전에는 색에 따라 해마의 종을 구분하였기 때문에 같은 종을 다른 종으로 잘못 분류하기도 했다. 하지만 이것은 유사한 색에서 나누어진 사례를 이야기한 것이고 뚜렷한 색, 즉 붉은색과 검은색 정도의 차이는 종을 나누는 데 기준이 된다. 예를 들어, 빅벨리해마*Hippocampus abdominalis*는 최대 몸길이가 35센티미터이고 몸은 흰색으로 등에 검은색 점이 많은 것을 분류의 기준으로 삼는 데 비해 피그미해마*H. bargibanti*는 몸길이가 최대 2.1센티미터로 작고 몸은 오렌지색이며 몸에 산호 모양과 같은 돌기가 있다. 이처럼 해마는 크기가 다양하지만, 신화에 나오는 것처럼 사람이 타고 다닐 만큼 거대한 해

빅벨리해마                          피그미해마

마는 아직 존재를 확인하지 못했다.

두 번째로는 좀 더 세밀하게 분류하는 것으로 머리 길이와 주둥이 길이의 비율로 구분하는 방법이 있다. 이 방법은 머리 길이를 주둥이 길이로 나눈 값을 사용하는 것이다. 예를 들면, 빅벨리해마는 머리 길이/주둥이 길이의 비가 2.6이고 피그미해마는 2.2이다.

세 번째는 몸통에 새겨진 마디 수와 꼬리에 형성된 마디 수로 구분하는 방법이다. 예를 들면, 빅벨리해마의 경우 몸통에 있는 마디가 12~13개이고 꼬리에 있는 마디가 47개인 데 비해, 피그미해마는 몸통 마디는 9~10개이고 꼬리 마디는 31~32개이다.

네 번째는 등지느러미에 나타난 줄기 수와 가슴지느러미의 줄기 수로 구분하는 것이다. 예를 들면, 빅벨리해마의

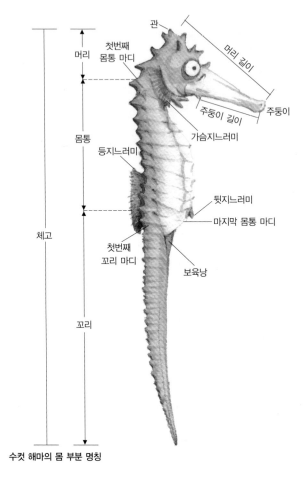

**수컷 해마의 몸 부분 명칭**

등지느러미 줄기는 17개 또는 18개이고, 가슴지느러미 줄기의 수는 15개이다. 이에 비해 피그미해마는 등지느러미의 줄기는 12개, 가슴지느러미 줄기의 수는 12개 또는 13개이다.

## 물고기 분류

　지구상에서 살아가고 있는 척추동물로는 포유류 약 5000여 종, 조류 8600여 종, 파충류 6000여 종, 양서류 3000여 종과 물고기 2만 4600여 종이 있다. 이 중에서 종수가 가장 많은 것은 물고기로 전체 척추동물의 약 51퍼센트에 이른다.

　물고기가 다른 척추동물과 구분되는 특징을 몇 가지 살펴보면 첫째, 대부분의 물고기는 몸에 비늘이 덮여 있거나, 먹장어나 메기와 같이 끈끈한 점액성 피부를 갖거나, 아니면 상어와 같이 단단한 껍질을 갖는다. 둘째, 호흡기관은 아가미이며, 심장은 척추동물 가운데 가장 원시적인 형태로 심방과 심실이 하나씩만 있는 1심방 1심실 체계이다. 참고로 인간은 가장 발달된 심장 형태로 심방과 심실이 각각 2개씩인 2심방 2심실 체계이다. 셋째, 다랑어, 명태와 같이 단단한 등뼈를 가지는 종류가 있는가 하면 홍어나 상어처럼 연한 연골을 가진 종류도 있어서, 척추동물 중에 연한 뼈 구조에서 단단한 뼈 구조로 진화하는 단계를 보여 주는 생물이다. 이러한 뼈 구조는 물고기를 분류하는 특징이 된다. 즉, 이것을 기준으로 연골어류와 경골어류로 구분할 수 있는데,

연골어류는 뼈가 단단하지 않으며 부레가 없고 수컷의 생식기가 노출되어 있다. 여기에는 상어와 가오리 등을 비롯하여 약 800여 종 정도가 포함되어 있다. 경골어류는 뼈가 단단한 것이 특징이고 대부분의 물고기가 여기에 속한다. 이 밖에 원시 어류로 무악어류無顎魚類가 있는데, 그 이름에서도 알 수 있듯이 입 주변 위아래에 턱이 없고 콧구멍이 하나다. 또 몸에 비늘이 없고 아가미가 주머니처럼 생긴 것이 특징이며, 먹장어, 칠성장어 등을 포함하여 약 75종이 포함되어 있다.

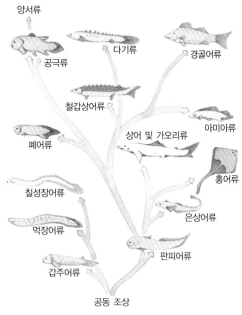

양서류

다기류

경골어류

공극류

철갑상어류

아미아류

폐어류

상어 및 가오리류

홍어류

칠성장어류

은상어류

먹장어류

판피어류

갑주어류

공동 조상

척추동물 가운데 물고기의 진화 계통도

# 해마가 사는 곳

해마는 적도를 중심으로 남·북위 50도 사이의 열대 해역과 온대 해역에서 사는 동물이다. 강이나 호수와 같은 민물 또는 바닷물이 차가운 한대 지방에서는 해마가 발견되었다는 기록이 없다.

지금까지 해마가 발견된 지역을 정리해 보면, 주로 인도양과 태평양에 위치한 해역으로 대부분 수심 50미터 이내의 얕은 곳이다. 물론 종에 따라 수심 100미터 이상 되는 곳에서 발견되는 것도 가끔 있다.

열대 해역에서는 산호초, 맹그로브 군락이나 해조류가 서식하는 해역에서 주로 발견된다. 온대 해역에서는 해조류가 번성하여 숨어 지내기 좋은 곳에 살고 있는데, 특히 꼬리

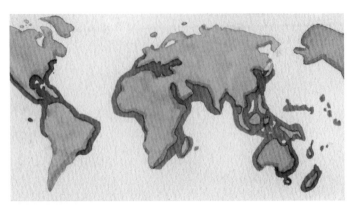
전 세계의 해마 분포 지역

를 잘 감을 수 있는 줄기가 가느다란 해조류가 많은 곳을 선호한다. 그래서 온대 지역에서는 파도가 약하고 잘피 숲이 있는 곳에서 주로 발견된다.

이런 곳들은 해양생태계 중 생산성이 가장 높은 곳이면서 포식자가 쉽게 접근할 수 없는, 마치 밀림과 같은 복잡한 구조를 가지고 있다. 포식자에게 잡아 먹히기 쉬운 연약한 생물이나 크기가 작고 어린 생물들이 주로 모여들기 때문에 어린 물고기, 동물플랑크톤, 새우 등이 많이 살고 있어서 '성육장成育場'이라고 불리기도 한다. 움직임이 재빠르지도 못하고 대롱과 같은 입으로 크기가 작은 먹이를 잡아먹는

**해마가 사는 환경  1** 산호초 **2** 맹그로브 **3** 잘피 **4** 해조류의 숲

해마에게는 이런 곳이 살아가기에 가장 알맞은 곳이다. 파도가 센 지역이나 물 흐름이 빠른 곳 또는 햇빛이 밝게 비추는 곳은 해마가 살기에 적합하지 않다.

해마는 이동 속도가 매우 느리기 때문에 적으로부터 자신을 보호하는 방법으로, 주변과 비슷한 색깔이나 모습으로 변화하는 뛰어난 위장술을 발휘한다. 포식자의 눈을 피하기 위해 주변과 같은 검정색, 녹색, 갈색, 오렌지색, 하얀색, 노란색 등으로 몸 색깔을 바꾸는데, 몸 표면에 난 털을 움직여서도 약간의 색 변화가 일어난다. 자신이 살고 있는 곳에서

**해마의 위장술** 숨은 그림 찾기를 해야 할 정도로 산호의 모습과 똑같이 위장한 피그미해마로 크기가 2센티미터 미만이다.

주변에 있는 산호, 잘피, 해조류와 비슷한 모습으로 보호색을 띠어 위장하기 때문에 주변 환경과 거의 구분을 할 수 없을 정도이다. 그래서 같은 종이라도 살아가는 환경이 달라지면 점차 몸 색깔도 바뀌어서 마치 다른 종처럼 보이기도 한다.

온대 해역에 속하는 우리나라 바다에도 해마가 살고 있을까? 살고 있다면 어떤 해마가 어디에 살고 있을까? 우리나라의 해마를 처음 학문적으로 발표한 사람은 일본인 동물학자 모리森爲三이다. 왕관해마*Hippocampus coronauts*가 여수에 사는 것을 1928년에 『한국의 어류 목록A catalogue of the fishes of Korea』이라는 책에서 처음 보고하였다. 이후 1995년까지 가시해마*H. bistrix*, 복해마*H. kuda*, 산호해마*H. mohnikei*, 점해마*H. trimaculatus*의 서식이 확인되어 우리나라에는 현재까지 5종이 분포하는 것으로 알려져 있다. 우리나라 해마는 크기가 8~17센티미터 정도로 외국의 해마에 비해 작은 소형종이다. 바닷가 부근 수심이 얕은 잘피 숲이나 모자반처럼 줄기가 가는 해조류가 번성한 해조 숲에 주로 살고 있다. 전라남도 여수와 고흥군, 경상남도 통영과 남해, 제주도 등 남해안과 동해 남부 지역에서 발견되는데, 최근에도 부산의 한 해수욕장에서 관찰되어 화제가 되기도 했다. 이처럼 개체 수는 적어도 우리나라 연안에서도 해마를 관찰할 수 있다.

해마의 모양은 종별로 다소 차이가 있는데, 가시해마는 몸에 가시가 많은 것이 특징이며, 주둥이와 몸은 노란색을 띤다. 복해마는 몸 색이 황갈색 또는 흑갈색을 띠는 것이 특징이며, 최대 30센티미터까지 자라는 것으로 알려져 있으나 우리나라에서 발견된 것은 대부분 15센티미터 미만이다. 과거에는 진질해마라는 이름으로 불리기도 하였다. 산호해마는 최대 8센티미터까지 성장하는 작은 해마로 몸 전체가 검은색을 띠는 것이 특징이다. 점해마는 몸에 3개의 검은 점이 나 있는 것이 특징으로 약 15센티미터까지 성장한다. 왕관해마는 몸의 색깔 변화가 심해서 빨간색, 노란색, 오렌지색 등의 여러 가지 색을 띠는 것이

다양한 몸 색을 가진 왕관해마(포항 인근 촬영)

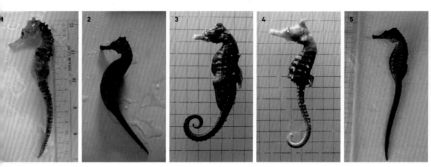

**우리나라에 살고 있는 해마들** **1** 가시해마 **2** 복해마 **3** 산호해마 **4** 왕관해마 **5** 점해마

특징이며, 약 10센티미터까지 자란다. 왕관해마를 제외한 4종의 해마는 인도-태평양 해역에 널리 분포하고 있지만, 왕관해마는 우리나라와 일본에만 살고 있는 희귀종이다.

우리나라에 서식하는 5종의 해마도 서식지가 훼손되면 그 수가 더욱 줄어들 수 있어서 환경 보호와 함께 종을 보호하기 위한 노력이 필요하다. 우리나라와 같이 연안 매립이 활발하고 해양 오염이 급격하게 증가하는 상황에서는 해마가 사라지는 불행이 우리 세대에 닥칠 수도 있다. 복해마와 점해마는 장래에 멸종될 확률이 높은 종으로 세계자연보전연맹에서 취약종Vulnerable species으로 지정하였으며, 가시해마, 산호해마, 왕관해마는 충분한 정보를 얻을 수 없는 자료부족 종Data Deficient species으로 지정되어 있다.

## 물고기들이 사는 곳과 생활하는 모습

　물고기를 사는 곳에 따라 구분한다면 크게 물의 성질염분 차이, 온도수온, 깊이수심 등에 따라 각각 나눌 수 있을 것이다. 먼저 염분에 따라 민물강, 호수 등과 짠물바다에 사는 물고기로 나뉘는데, 지구상에 살고 있는 약 2만 4000여 종의 물고기 중에서 약 40퍼센트에 해당하는 9000여 종은 민물에, 나머지 약 60퍼센트에 해당하는 1만 5000여 종은 바다에 살고 있다. 지구에 처음 물고기가 나타난 곳은 다른 생물들과 달리 민물이었으며 진화를 거듭하면서 바다로 그 영역을 넓혀간 것으로 알려져 있다. 대부분 물고기는 물속 염분 변화에 적응하지 못해서 강과 바다를 오가며 살지 못하는데 연어, 은어, 뱀장어와 같은 몇몇 종류의 물고기는 염분이 달라지는 것에 적응하여 바다와 강을 오가며 알을 낳거나 생활을 한다. 이런 종류의 물고기들을 보면, 아마도 물고기들이 민물에서 더 넓은 바다로 이동하기 위해 바닷물 속 염분에 적응해 나간 것이 아닌가 생각된다.

　항상 일정하게 체온을 유지하는 조류나 포유동물과는 달리 물고기는 자신의 체온을 스스로 조절할 수 없는 변온동물이므로, 물의 온도가 물고기가 살아가는 범위를 결정하는 데 중요한 조건이 된다. 그래서 오래전부터 물고기가 살아가는 지역에 따라 한대성, 온대성, 열대성 물고기로 편리하게 나누었다. 대표적인 한대성 물고기로는 대구, 명태, 아귀 등이 있고, 온대성 물고기로는 우리나라 주변에서 쉽게 볼 수 있는 볼락과 돔 종류 등이 있다. 열대성 물고기는 산호초 주변에 사는 형형색색으로 치장한 물고기들로, 예전에는 가끔 다큐멘터리 방송을 통해서나 볼 수 있었지만 최근에는 수족관이 있어서 도시 한복판에서도 쉽게 만날 수 있다.

물속은 수심이 깊어지면 그만큼 압력이 높아지기 때문에, 수심에 따라 살아가는 물고기도 다르다. 멸치, 다랑어, 방어, 고등어 등 빠른 속도로 헤엄치는 물고기는 얕은 곳에 살지만, 아귀 종류와 같이 심해에 사는 물고기는 우리가 알고 있는 것과는 전혀 다르게 몸통이 납작하고 입이 크거나 등지느러미에 낚싯대처럼 생긴 가시를 갖는 등 독특한 모습을 하고 있는 것이 많다.

지구 표면적의 80퍼센트 정도를 차지하는 바다는 평균 깊이가 4000미터에 이르지만 우리가 알고 있는 물고기는 대부분 200미터 이내의 수심에서 살고 있다. 1000미터 이상 되는 지역을 심해라고 하는데, 이 심해 지역에서 살아가는 물고기에 대한 정보는 알려져 있는 것이 거의 없어서 많은 궁금증을 불러왔다. 최근 과학 기술의 발전으로 바닷속 깊은 곳까지 탐사할 수 있는 잠수정이 개발되면서 심해에 살고 있는 다양한 물고기가 소개되고 있다. 이렇게 사람들이 바다를 조금씩 더 알아 가게 되면서 지구상에 서식하는 물고기 종류도 점점 늘어나고 있다.

물고기들도 다른 생물과 마찬가지로 자연에서 살아남기 위해 다양한 생존 전략을 가지고 있다. 가장 많은 물고기들이 보이는 습성은 주위 환경과 비슷한 보호색을 띠거나 생김새를 구별할 수 없도록 위장하는 것이다. 바다 밑바닥에 사는 가자미, 넙치, 양태 등은 모래 속을 파고 들어가기도 하지만 평소에도 모래와 전혀 구별되지 않을 정도로 비슷한 색깔로 위장한 채 생활한다. 이들은 장소를 옮기면 몸의 색깔도 같이 변화시킨다.

두 번째로는 다른 생물에 숨거나 붙어서 생활하는 것이다. 이것을 공생 또는 공생 관계라고 한다. 양쪽이 모두 이익을 얻는 경우부터 한쪽만 이익을 얻는 다양한 종류의 공생 형태가 있다. 가장 대표적인 예로는 만화 영화 「니모를 찾아서」의 주인공 '니모흰동가리'를 들 수 있는데, 흰동가리는 평생을 말미잘의 촉수 사이에 숨어 지낸다.

세 번째는 자기 방어를 위해 독을 가지고 있는 것으로, 천적이 나타나 자신을 보호해야 할 때나 먹이를 잡을 때에 자신의 독을 사용한다. 쏠베감펭, 쑤기미, 독가시치, 쏠종개 등이 여기에 속한다.

**물고기들의 생존 전략** **1** 주변 환경에 맞추어 위장하고 있는 씬벵이 **2** 말미잘과 공생 관계를 유지하는 흰동가리 **3** 독을 가지고 자신을 방어하는 쏠베감펭 **4** 전기를 만들어 자신을 보호하는 전기가오리

네 번째로는 전기를 일으키는 종류가 있다. 아마존 강이나 남부 아메리카에 사는 전기뱀장어는 몸에서 전기를 일으켜 먹이를 잡아먹거나 적으로부터 자신을 보호한다. 우리나라의 남해에 사는 시끈가오리도 자신의 피부에 닿는 생물들을 감전시킬 수 있다.

# 멸종 위기에 놓인 해마

해마는 바다에서 쉽게 찾아볼 수 없는 물고기이다. 크기가 작고 환경에 따라 몸 색깔을 바꾸기 때문에 눈에 잘 띄지 않을 뿐 아니라 산호나 잘피 숲과 같이 복잡한 환경에서 숨어 지내기 때문이다. 그러나 해마를 쉽게 볼 수 없는 가장 큰 이유는 서식지에 살고 있는 개체 수가 적다는 것이다. 남아프리카 연안에 서식하는 나이스나해마*Hippocampus capensis*는 1000제곱미터에 9마리가 살고 있을 정도로 매우 희귀하다. 더구나 1980년대 이후부터 개체 수가 계속 감소하고 있어서 1994년에 세계자연보전연맹IUCN에서 세계 멸종위기종으로 지정하였다. 포르투칼 남부에 위치한 리아폴모사 환초에 사는 롱스노우티드해마*H. guttulatus*는 1제곱미터에 1마리 정도

가 관찰되어 해마 종
류 중에서는 서식 밀
도가 가장 높은 종으
로 알려져 있다. 하지
만 크기가 비슷한 다
른 물고기와 비교해
보았을 때는 결코 개
체 수가 많다고 말할
수 없다. 우리나라에
사는 해마도 역시 개

혼자서 해조류 줄기를 꼬리로 감고 있는 해마

체 수가 적은 편에 속한다. 연구 결과에 따르면 1000제곱미
터에 겨우 3~5마리가 발견될 정도이다.

많은 종류의 물고기가 떼를 지어 살아가는 데 비해, 해
마뿐만 아니라 해마가 속한 실고기과 물고기들은 혼자 살거
나 아주 적은 수가 무리를 이룬다. 이러한 생활 방식 때문에
자연 속에서 해마는 아주 적은 수만이 어렵게 짝을 이루어
살 뿐 대부분은 일생을 혼자서 살아간다.

개체 수가 적은 물고기들은 보통 후손을 번성시키기 위
해 자손을 많이 낳을 수 있는 전략을 세우기 마련이다. 그런

산호초에 낳아 놓은 물고기 알

대 해마는 자손을 번성시키는 전략을 세우고 행동하기에는 여러 가지 어려움이 있다. 해마도 어른이 되어 알을 낳는 산란기가 되면 짝짓기를 하는데, 암컷과 수컷 해마들이 서로의 짝을 찾기 힘들 정도로 넓은 범위에 적은 수가 흩어져 살고 있기 때문에 짝짓기 자체가 쉽지 않다. 더구나 이동하는 속도가 느린데다가 파도나 조류가 빠르지 않은 곳에 살기 때문에 짝을 찾는 것이 더욱 어려워진다. 짝짓기에 성공한 해마가 오히려 운이 좋은 것이라 생각해야 할 정도이다. 또 한 가지 해마에게는 특이한 점이 있다. 예를 들어, 우리 식탁에 자주 오르는 명란젓을 보면 알 수 있듯이 명태는 자손을 퍼트리기 위해 한 번에 수백만 개씩 알을 낳는 데 비해, 해마는 한 번에 겨우 수십에서 수백 마리의 새끼를 낳을 뿐이다. 알을 적게 낳을뿐더러 몸 속에서 알을 부화시키는 생태 때문에 많은 자손을 낳는 데 한계가 있다.

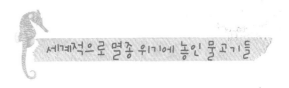

    세계자연보전연맹에서는 물고기를 포함하여 전 세계적으로 멸종 위기에 놓여 있는 동물들을 '멸종 위기에 처한 종'으로 정해 놓았다. 우리나라 주변에 살고 있는 물고기들도 포함되어 있는데, 그중에 하나가 곱상어Spiny dogfish이다. 곱상어는 기름상어라고도 부르는데, 이것은 몸에 지방이 많아서 붙여진 이름이다. 옛날에는 곱상어에서 추출한 기름으로 호롱불을 밝히기도 했다. 최근에는 곱상어의 간에서 추출한 기름이 '스쿠알렌'이라 불리는 건강식품으로 알려지면서 곱상어를 남획하는 원인이 되었다. 하지만 곱상어가 멸종위기종이 된 가장 큰 이유는 사람들이 함부로 잡아 버린 것보다는 곱상어의 생태적 특징 때문이란 것이 더 설득력이 있다. 곱상어는 자연 상태에서 태어난 지 10년이 지나야 번식할 수 있을 정도로 성장과 번식이 느리고 임신 기간도 18~22개월로 긴 편이다. 임신한 상태의 곱상어들이 무자비하게 한꺼번에 잡히면서 그 수가 줄어들어 전체 개체의 숫자도 크게 감소되었다.

    참보Chambo라는 물고기는 아프리카 말라위 호수에만 서식한다. 도화돔과 같이 암컷이 입으로 알을 품어 새끼를 부화시키는 종으로, 부

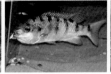

**멸종 위기에 놓인 물고기들** 곱상어(왼쪽), 참보(가운데), 카디날피쉬(오른쪽)

화되어 입 밖으로 나온 새끼들도 위험에 처하면 다시 어미의 입속으로 들어가 숨는 행동을 한다. 그러므로 새끼들의 안전을 책임지는 것은 전적으로 어미의 몫이다. 최근 사람들이 이 호수에서 많은 양의 참보를 잡아들이면서 현재는 그 수가 크게 감소하여 보호종으로 등록되었다.

인도네시아 벵가이 섬에만 서식하는 벵가이 카디날피쉬Banggai cardinal fish라는 소형 물고기는 수컷이 입으로 알을 품어 부화시키는 종으로, 알을 품는 기간은 2~3주 정도이다. 최근 들어 관상용으로 인기가 높아지면서 살고 있는 지역에서 대량으로 포획됨으로써 개체 수가 빠르게 줄어들어 현재는 거의 찾아보기 힘들다.

이들 뿐만 아니라 사람들의 무분별한 남획으로 인해 멸종 위기에 놓인 물고기들이 전 세계적으로 늘어나고 있다. 우리가 잘 아는 물고기들도 지금 이러한 위기에 놓여 있다. 심지어 참치와 상어까지도 조만간 보호종이 될지도 모를 일이다.

# 해마는 평생을 한곳에서만 보내는가?

대부분의 물고기는 먹이 사냥, 번식, 성장을 위해 살아 가는 장소를 옮겨 다닌다. 예를 들어, 참치로 대표되는 다랑어류는 태평양, 인도양 등 큰 바다에서만 사는 원양성 물고기로서 평생 먹이를 찾아 떼를 지어 넓은 바다를 헤엄치면서 돌아다닌다. 나이에 따라 살아가는 지역을 바꾸는 물고기도 있다. 연어와 송어는 강에서 태어나 바다에서 성장한 후 알을 낳기 위해 다시 강을 거슬러 올라간다. 반대로 뱀장어는 일생의 대부분을 강에서 지내다가 산란을 위해 바다로 나가 수천 미터 심해로 이동한다. 심해 바닥에서 태어난 뱀장어 새끼들은 크기가 5~10센티미터밖에 안 되지만 어린 새끼의 모습으로 태평양 심해에서 부모가 자랐던 강으로 헤엄쳐 올라온다. 하지만 바다에 사는 대부분의 물고기는 해안가 수심이 얕은 곳에 알을 낳아 그곳에서 부화되어 어린 시절을 보내다가 어른 물고기가 되면 원래의 자기 서식지로 되돌아간다. 이렇듯 대부분의 물고기는 헤엄을 쳐서 여러 곳을 이동하며 생활한다.

그런데 해마는 친척인 해룡을 비롯한 다른 실고기과 물고기들과도 헤엄치는 모습에 차이가 있다. 해마의 머리는 몸통과 직각으로 구부러져 있어서, 일반적인 물고기와는 달리 몸을 꼿꼿이 세우고 헤엄을 친다. 그나마 빨리 이동해야 할 때는 다른 물체에 감았던 꼬리를 풀고 머리 양쪽에 있는 가슴지느러미와 등에 있는 등지느러미를 이용한다. 가슴지느러미는 양쪽에 대칭으로 하나씩 갖고 있어서 이동하고 싶은 방향으로 몸을 회전할 수 있도록 하는데, 마치 비행기에서 꼬리날개와 같은 역할을 한다. 등지느러미는 헤엄치는 속도를 조절할 수 있어서 자동차의 핸들이나 가속 페달과 같은 역할을 한다. 하지만 대부분의 해마는 이동과는 거리가 먼 생활을 한다. 짝을 찾을 때를 제외하고는 마치 원숭이가 나무에서 나무로 이동하듯이 해조류 사이를 옮겨 다닐 뿐이다.

해마는 짝짓기를 할 때 외에는 일생 동안 전혀 이동을 하지 않는 것일까? 대부분의 해마는 이동을 하지 않고 평생을 한곳에서 혼자 산다. 아니 이동하고 싶어도 워낙 느리게 헤엄치는 신체 구조 때문에 혼자 힘으로 멀리 이동하기가 사실상 불가능하다. 이동 속도가 매우 느린데다가 바늘이나 독과 같이 특별하게 몸을 보호할 수 있는 장비도 가지고 있지 않은 상태에서 보호색만으로 자신의 몸을 보호하기 때문에 오히려 이동하는 동안 큰 물고기들에게 쉬운 먹잇감이 될 수 있다. 그렇다고 해서 '해마는 전혀 이동하지 않는다'고 단정지어 말할 수도 없다. 싱가포르, 베트남 등 동남아시아의 얕은 해역에 사는 타이거테일해마*Hippocampus comes*, 멕시코와 브라질 등의 대서양 서부 연안에 서식하는 라인드해마*H. erectus*, 모로코의 연안 해역에 사는 롱스노우트해마*H. reidi*는 겨울이 되면 수온이 더 따뜻한 곳으로 이동하는 계절 회유를 하는 것으로 알려져 있다.

스스로 먼 곳까지 헤엄쳐 가는 것이 거의 불가능해 보이는 해마는 도대체 어떻게 이동하는 것일까? 과학자들은 해마의 이동 방법을 관찰하면서 해마가 사용하는 생존 전략으로 아주 단순하고도 놀라운 사실을 발견했다. 해마는 가

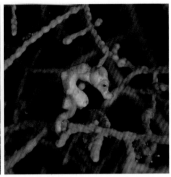

해마는 주변의 물체를 꼬리로 감아 몸을 고정하고 멀리 이동하지 않는다.

고 싶은 장소로 스스로 이동할 수 없을 때 다른 생물이나 물체의 힘을 빌리는 것을 알게 되었다. 해류를 따라 떠다니는 해조류나 물 위에 뜰 수 있는 물질, 심지어 쓰레기더미 등 꼬리를 감을 수 있는 물체를 발견하면, 해마는 거기에 몸을 의지하여 해류를 따라서 이동한다. 스스로는 빠르게 이동할수 있는 능력이 거의 없는 상황에서 먼 거리를 이동하기 위해 자기의 꼬리를 떠다니는 물체에 감고 자연스럽게 물의흐름에 의지하는 것은 기발한 발상이 아닐 수 없다. 바다를떠다니는 물체들은 다양하다. 흔히 바다 위를 떠다니는 쓰레기더미나 바닥에서 떨어져 나간 해조류에는 아무런 생물도 살지 않을 것이라 생각하지만, 이렇게 바다를 떠다니는 물체 속에는 작은 플랑크톤부터 해마, 어린 다랑어 등 다양한 해양 생물들이 작은 생태계를 이루고 있다. 그 속에서도 서로 먹고 먹히는 치열한 생존 경쟁을 벌이며 살고 있다. 운이 나쁜 해마들은 이렇게 여행을 하는 도중에 물고기의 먹이가 되기도 한다.

계절 회유를 하는 몇몇 해마를 제외하면 대부분의 해마는 한번 정착한 곳에서 평생 동안 크게 이동을 하지 않기 때문에, 만일 새끼를 낳게 되면 그 주위에서 옹기종기 모여 단란한 가족을 이루며 살 것으로 생각하기 쉽다. 그러나 갓 태어난 어린 해마는 꼬리가 매우 짧고, 다른 물체에 꼬리를 감아 몸을 지탱할 수 있을 만큼 힘이 세지 않다. 그래도 태어나자마자 무언가 붙잡으려고 꼬리를 감아 보지만, 실패하고 마치 플랑크톤처럼 바닷물의 흐름에 따라 떠다니게 된다. 즉, 갓 태어난 어린 해마들은 대부분 아빠 해마의 배안에서 세상으로 나오자마자 험난한 자연과 맞부딪치면서 혼자 살아가야 한다. 결국 해마 가족이 함께 모여 살아갈 확률은 매우 낮으며, 물속을 떠다니던 새끼 해마가 그나마 짧은 꼬리로 무언가를 붙잡게 되면 그곳이 바로 새끼 해마가 일생을 살아가는 새로운 세상이 되는 것이다.

# 무얼 먹으며 살아갈까?

　해마의 입을 자세히 들여다보면 물고기와 같은 턱이나 작은 이빨을 관찰하기 어렵다. 대롱처럼 긴 주둥이는 해마가 어떻게 먹이를 잡아먹는지 궁금하게 만든다. 해마는 작은 크기와 느린 이동 속도에도 불구하고 어울리지 않게 육식성이다. 해마는 물속을 떠다니거나 헤엄치는 작은 새우류나 물고기 새끼를 잡아먹는다. 해마가 살고 있는 잘피 숲이나 해조류가 무성하게 자란 곳은 해마뿐만 아니라 해마의 먹이가 되는 작은 새우류나 물고기들도 숨어 지내기 좋은 곳이므로 해마에게는 먹이를 구하기 쉬운 조건이 된다.

　해마가 먹이를 잡는 모습은 마치 「동물의 왕국」에서 보는 카멜레온과 진공청소기를 섞어 놓은 것 같다. 카멜레온은 나무와 똑같은 색으로 위장하고 곤충이 다가오기를 지켜보다가 먹이가 사정거리에 오면 재빨리 혀를 내밀어서 먹이를 감아 입속으로 집어 넣는다. 해마도

카멜레온처럼 주변 환경에 자신의 몸 색깔을 맞추고 숨어서 먹이가 다가오기를 기다린다.

먹이가 되는 바다 생물이 자신을 알아보지 못하도록 위장을 하고 먹이가 다가오기를 인내심을 가지고 기다린다. 먹이가 나타나면 순식간에 머리를 치켜 올리면서 빨대와 같은 긴 주둥이를 먹이 앞으로 이동시켜 순식간에 낚아챈다. 일단 먹잇감을 공격하면 무척 빠르게 먹어 치운다. 해마가 먹이를 빨아들이는 속도는 수백분의 1초로 눈으로 확인할 수 없을 정도로 빠르다. 해마는 자신의 움직임이 느리기 때문에 주둥이 가까이로 먹이가 스스로 다가올 때까지 미동도 하지 않고 기다린다. 새우와 같은 작은 갑각류나 물고기 새끼가 경계를 늦추고 다가오면, 긴 관 모양의 주둥이로 낚아챈다. 동작이 매우 빨라서 먹이를 잡아먹는 것을 지켜보려면 집중

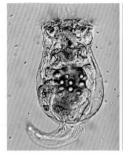

해마의 먹이 윤충류(왼쪽)와 곤쟁이(오른쪽)

력이 필요하다.

　그런데 대롱 모양의 해마 주둥이는 다른 물고기들처럼 먹이 크기에 따라 융통성 있게 벌어지지 않으므로 잡아먹을 수 있는 먹이의 크기는 자신의 주둥이보다 작은 것으로 한정된다. 해마는 주변에 아무리 많은 먹잇감이 있어도 크기가 적당한 대상을 고른 뒤에 그 먹이가 스스로 자신에게 다가오기를 기다려야 한다. 해마의 주둥이는 해마가 성장하면서 함께 커지기 때문에 점점 더 큰 동물도 잡아먹을 수 있게 된다. 어릴 때에는 아기들이 이유식을 먹는 것처럼 크기가 작은 동물플랑크톤을 선호하다가 어른이 되면 곤쟁이류나 어린 새우, 어린 물고기까지 먹어 치운다.

　해마는 식성이 매우 까다로운 것으로 알려져 있다. 하

루에 평균 3~4개의 곤쟁이나 어린 새우를 먹어야 하는데, 살아 있는 것만 먹으려 한다. 보통 1~2개월 이상 수조에서 키우면서 적응시킨 해마는 냉동 보관된 새우를 먹을 수 있으나 해마를 건강하게 키우기 위해서는 냉동된 먹이 외에도 가끔 살아 있는 먹이를 주어야 한다. 해마의 소화기관은 매우 민감하기 때문에 병에 걸린 새우나 껍질이 검게 변해 버린 새우를 먹으면 바로 병에 걸리고 만다. 따라서 해마를 사육할 때에는 별도의 어항을 준비해서 해마의 먹이가 될 어린 새우들도 함께 키워야 한다. 최근에는 우리나라를 비롯하여 여러 나라에서 해마를 대량으로 양식하는 기술이 발달하고 있지만, 아직까지 해마에게 알맞은 인공 사료는 개발되어 있지 않아 적당한 먹이를 공급하기 위해 살아 있는 새우를 별도로 키워 제공하고 있다. 해마는 크기에 따라 먹을 수 있는 먹이의 크기가 다르기 때문에, 먹이도 해마의 크기별로 키워서 준비해야 한다. 이렇게 해마를 키우는 일은 다른 물고기를 키우는 것보다 훨씬 더 많은 정성이 들어간다.

# 해마를 위협하는 무리들

해마의 천적

자연 상태에서 해마의 수명에 영향을 미치는 가장 큰 요인은 포식자와 질병이다. 언뜻 생각하기에 해마는 주변 환경과 같은 색으로 몸을 위장하는 능력이 뛰어나 포식자에게 쉽게 발견될 것 같지 않다. 더군다나 몸에는 살이 거의 없고 딱딱한 골판질로 되어 있어서 포식자가 좋아하는 먹잇감이 아닐 것이란 생각도 든다. 그러나 다양한 생물의 위 속에서 해마가 발견되고 있다. 돔, 가오리, 다랑어, 대구, 농어 등 연안에서 사는 물고기 외에도 가마우지나 심지어 온대 지역에 사는 펭귄의 위 속에서도 해마가 발견된다.

갓 태어난 새끼 해마의 몸길이는 대부분 평균 1센티미

터 미만이다. 이렇게 덩치가 작은 새끼 해마는 작고 연약한 꼬리로 감을 수 있는 부착기를 쉽게 찾지 못하여, 태어난 후 한동안은 어쩔 수 없이 물 표면을 떠다니는 부유생활을 하게 된다. 연약한 새끼 해마가 은신처도 없이 물속을 떠도는 것은 포식자들에게 무방비 상태로 노출되는 셈이다. 이렇듯 해마는 어느 정도 성장하여 은식처를 겸한 서식처를 찾기 전까지, 그리고 먹이를 찾아 해조류 사이를 이동하기 위해 움직일 때에 포식자들 눈에 띄어 잡아먹히게 된다. 이 밖에도 다른 먹이를 찾아다니던 포식자에게 잡아먹히는 일도 있다. 예를 들어, 해조류만 먹는 독가시치류rabbit fish의 위에서 간혹 해마가 발견되기도 한다. 해마가 먹이로 새우를 좋아하듯이 해마만 잡아먹는 포식자는 아직까지 알려져 있지 않다. 아마도 해마를 집중적으로 잡아먹는 동물은 인간이 유일할 것이다.

### 약으로 사용되는 해마

인간이 해마를 잡아먹은 것은 오랜 역사를 가지고 있다. 1892종의 생물을 약재로 사용했을 때의 효능을 적어 놓은, 중국의 대표적인 약학서 『본초강목本草綱目』에는 해마를 약으로 쓰면 '기운을 돋우며 붓고 아픈 것을 치료한다.'고 기록되어 있다. 이 밖에도 '맛이 달고 몸을 따뜻하게 하는 성분이 들어 있다. 신장을 튼튼하게 하고 양기를 돋운다. 여인들의 아랫배 통증을 없애 준다. 종기와 부스럼을 치료할 수 있다. 난산을 예방한다. 피의 기능이 망가졌거나 기가 약해서 생기는 통증을 치료한다.'라는 다른 처방도 함께 소개하고 있다. 이렇듯 중국의 전통 의학에서는 해마를 중요한 약재로 사용해 왔다. 지금도 천식, 심장병, 골절은 물론 여러 질병의 치료제로 이용되고 있다. 한꺼번에 많은 양을 채집할 수 없기 때문에 해마는 늘 귀한 약재 대접을 받아 왔다. 해마가 많이 살지 않는 우리나라에서도 오래 전부터 귀한 약재로 쓰였다. 『동의보감東醫寶鑑』에 '해마는 간과 신장에 좋으며, 혈액 순환에 좋은 효능을 갖고 있다.'고 소개하고 있다.

그럼, 가장 먼저 해마를 약재로 사용한 것은 동양이었을까? 놀랍게도 동양보다 유럽에서 먼저 약재로 사용하였다고 한다. 고대 로마 제국에서 초자연적인 상상의 동물인 히포캠푸스가 대중 문화 속에 널리 퍼졌던 것은, 해마가 병을 치료하는 막강한 효력이 있는 동시에 살생 능력도 갖고 있다는 믿음이 퍼졌었기 때문이다. 약초를 사용하여 병을 치료하는 방식은 유럽에서도 중국 못지 않은 역사를 가지고 있다. 디오스코리데스가 쓴 『마테리아 메디카De Materia Medica』는 유럽식 약용식물 도감으로, 서기 1세기에 출간되었는데 아직까지도 그 원본이 보관되어 전한다. 이 책에 '해마를 태운 재를 거위 기름과 섞어 연고를 만들어 대머리 피부에 바르면 머리털이 다시 나온다. 여기서 해마히포캠푸스는 바다에 사는 작은 동물

**말린 해마(위)와 꼬치(아래)** 해마는 말려서 약재나 장신구로 이용되기도 하고 꼬치로 구워 먹기도 한다.

이다' 라고 해마 사용법이 소개되어 있다.

최근에는 해마가 기운을 돋게 하는 데 효과가 있다는 소문이 나면서 그 수요가 급격히 늘어났다. 해마가 많이 서식하는 동남아시아에서는 해마잡이가 큰 돈벌이 수단이 되고 있다. 베트남에서는 해마로 담근 술이 피로 회복제로 인기가 높을 뿐만 아니라 해마를 특산품으로 판매하기도 한다. 말레이시아와 필리핀의 어촌에서는 말린 해마를 대문에 달아 놓으면 악귀를 쫓아낸다고 하여 부적으로 사용하고 있다.

과연 해마는 약효가 있는 것일까? 많은 사람들이 오랫동안 해마의 약효를 믿어 왔는데, 만약 효험이 없다면 아직까지 이러한 믿음이 이어질 수 있을까? 최근에는 한의학에서 나타나는 여러 가지 약물 효과를 현대 의학으로 밝히려는 시도가 계속되고 있다. 물론 다양한 분석 방법을 통해 해마의 여러 성분을 검출해서 실험해 보았지만, 우리가 알고 있는 효과를 나타내는 성분은 찾아내지 못했다고 한다. 이런 상황에서도 해마는 의사의 처방이 필요한 약품이 아니라 건강식품으로 알약이나 드링크제 등으로 대량 생산되고 있어서 그 수요가 줄어들지 않고 있다.

해마를 이용한 치료법 중에는 이해할 수 없는 것도 있다. 일리아누스가 쓴 『동물의 세계』에는 독특한 해마 이야기가 있다. 미친개에게 물린 사람에게 해마를 불에 태워 상처에 여러 차례 뿌렸더니 광견병이 나았다는 것이다. 또한 해마 내장으로 술을 담그면 강한 독성이 있어서, 심한 구토와 기침을 하다가 눈이 충혈되면서 죽는다는 이야기도 있다. 이것은 중국에서 해마가 장수를 위한 약재로 사용되어 온 것과는 상반된 내용이다. 하지만 19세기에 '균'이 병을 일으킨다는 새로운 시각으로 전환되면서 유럽 의약품계는 자연 소재에서 합성 약물 시대로 돌입하였다. 동시에 약초의 인기가 시들해지면서 수난을 당하던 여러 생물이 수난에서 벗어나게 되었으며, 해마 역시 수요가 급격히 줄어들었다. 하지만 동양에서는 지금까지도 해마에 대한 믿음이 여전하다. 한의학에서는 신장의 기능을 강화하는 데 여전히 해마를 약재로 사용한다. 처방을 할 때도 암수 한 쌍을 함께 사용할 것을 권하지만, 사람의 눈으로 해마의 암수를 구별한다는 것은 사실상 불가능하여 약재상들은 큰 것과 작은 것 두 마리를 세트로 묶어 팔고 있다.

해마 외에도 해마와 비슷한 실고기류도 한약재로 쓰이고 있는데, 해마보다 더 효과가 있다고 광고를 하기도 한다. 실제로 실고기가 더 효과가 있다기보다는 해마를 구하기 어려우니까 상술로 부풀린 것이라 생각된다. 해마를 말릴 때는 꼬리를 곧게 펴서 말린다. 꼬리가 휘어지거나 부러지지 않았으면 훨씬 비싸게 팔 수 있기 때문이다. 결론은 아직도 해마가 질병을 치료하는 효과가 있다는 믿음이 강해서 여전히 수난을 당하고 있다는 것이다.

해마는 시장에서 늘 비싼 가격에 판매되고 있다. 이러한 가격 상승은 해마를 무분별하게 채집하도록 부추기는 구실이 되어 결국에는 자연에서 해마가 급격히 고갈되는 원인 중 하나가 되었다. 아직까지 해마에 대한 정확한 판매 통계는 없지만, 중국의 경제 사정이 좋아지면서 고급 약재에 대한 수요가 급격히 늘어난 만큼 해마의 수요도 크게 늘었을 것이라 짐작된다. 2004년 홍콩의 해마 시장에서는 2500만 마리에 해당하는 70톤 정도가 거래된 것으로 알려져 있다. 아직 대량 생산할 수 있는 양식 기술이 발달하지 않은 만큼 현재 거래되고 있는 대부분의 해마는 자연에서 포획하여 건조시켜 유통되고 있는 것이다.

사람들이 바다 생물을 수족관에서 관찰하면서 해마도 덩달아 관상어로 선호하는 종이 되었다.

최근에는 관상용으로도 인기가 높아지면서 살아 있는 해마는 종류에 관계없이 한 마리당 40~120달러에 수족관으로 팔려 나가고 있다. 똑바로 선 자세로 헤엄을 치고 작은 가슴지느러미와 등지느러미로 방향을 잡는 특이한 모습과, 해조류나 산호를 꼬리로 감싸 쥔 독특한 모습이 사람들의 관심을 끌기에

수족관 속 해마

충분하기 때문이다. 생활 소득이 높아지고 집에서 물고기를 키우는 사람들이 늘어나면서 해마는 가장 인기 있는 관상어 중의 하나가 되었다. 특히 유럽과 북미의 공공 수족관에서만 관상용으로 매년 10만 마리 정도가 소비되고 있다.

또한 해마를 귀걸이 같은 장식품으로 만들면서 매년 약 10만 마리 정도가 건조되어 기념품으로 팔리고 있다. 해마의 신비스러움은 사람들로 하여금 갖고 싶은 욕구를 불러일으켜 결국에는 자연 상태의 해마를 심각한 위험에 빠뜨리고 있다. 더욱 안타까운 것은 사라지는 개체 수만큼 야생에 살아 남은 해마들이 스스로 개체 수를 회복시킬 수 있는 능력이 없다는 데 있다. 이렇듯 가치가 높아진 해마를 대량으로

해마를 모티브로 한 모자이크화(왼쪽)와 해마 모양의 기념품들(오른쪽)

양식하기 위한 해마 양식 연구가 활발하게 진행되고 있지만, 먹이 생산과 환경에 따라 민감하게 반응하는 해마의 특성 때문에 양식 산업으로는 아직까지 공급이 수요를 따르지 못하고 있다.

현재 해마를 수출하는 나라는 70개국이 넘는다고 한다. 결국 해마가 사는 대부분의 나라에서 포획이 이루어지고 있다고 보면 된다. 그중 대표적인 수출국으로는 필리핀, 인도, 베트남, 태국 등을 꼽을 수 있다. 처음에는 다른 물고기를 잡는 과정에서 함께 채집된 것들을 팔았지만 해마 가격이 올라가면서 이제는 전문적으로 해마만 잡는 어부도 생겼다. 해마는 주로 중국 무역상에 의해 거래되는데, 필리핀 보홀 섬 근처 한두몬Handumon이라는 어촌에서는 밤에 랜턴을 이용한

어업 방식으로 하룻밤에 최소 50마리의 해마를 잡는다고 한다. 이들은 마리당 6페소[120원 정도]를 받고 파는데, 소매상은 무역상에게 그 열 배인 60페소에 판매를 한다. 살아 있는 해마는 이보다 8배 이상 비싸게 팔리고 있다.

자연 상태에서 해마는 다른 물고기처럼 뛰어난 번식력을 가지지도 못하고, 움직임이 느려 포식자의 눈을 쉽게 피하지도 못한다. 강인해 보이는 피부도 별도의 보호 기능이 없기 때문에 일단 공격을 받거나 상처가 생기면, 자기 스스로 회복시키지 못해 상처가 몸 전체로 퍼져 죽는 경우가 많다. 환경 변화에도 매우 민감하여 자신이 살고 있는 주변 서식지가 어떤 영향을 받게 되면 그곳에 사는 대부분의 해마는 운명을 같이하는 처지에 놓인다. 해마 중에서 약재로 가장 인기 있는 종은 그레이트해마*Hippocampus kelloggi*, 가시해마, 점해마 등인데, 이들을 포함한 해마 6종은 이미 취약종으로 선정, 보호받고 있다.

2000년대에 이르러 해마는 인간들의 포획과 환경 변화에 의해 더욱 심각한 영향을 받는다. 마침내 2002년에는 세계자연보전연맹에서 해마가 급격히 감소하는 것을 지적하여 해마를 멸종위기종으로 구분하였고, 멸종 위기에 처한 야생 동식물의 국제적 교역을 제한하는 협약CITES에서는 야생에서 포획한 해마에 대한 상업적 거래를 엄격히 규제하기에 이르렀다. 이러한 노력에도 지구상에서 위태로운 삶을 이어가고 있는 해마는, 어쩌면 점점 더 그리스 신화에서나 볼 수 있는 상상 속의 바다 동물이 되어가고 있는지도 모르겠다. 늦은 감은 있지만 이제라도 해마 보호에 관심을 갖게 되어 다행이다.

2부

해마의
일생

모든 생물은 어른이 되면 자손을 번식시키기 위해 임신과 출산 과정을 거치게 된다. 어찌 보면 종족을 유지하고 보존하기 위해서는 일생에서 가장 중요한 임무일지도 모르겠다. 대부분의 물고기는 암컷이 알을 낳고 수컷이 정액을 뿌려 알을 수정시키면 그것으로 부모의 책임을 다한다. 세상밖으로 나온 알이나 새끼는 부모의 도움 없이 스스로 살아가는 방법을 익혀야 한다. 일부 몇몇 종류의 물고기들이 새끼가 태어날 때까지 알을 지켜 주고, 이 중에서도 극히 소수의 물고기만이 새끼의 어린 시절을 돌보아 준다.

　　그런데 해마는 더 독특하게 수컷과 암컷의 역할이 바뀌었다. 임신과 출산에 대한 부담이 모두 수컷에게 있다. 이와 같은 자손 번식 방법은 지구 상에 살아가는 생물체에서 거의 찾아볼 수 없는 희귀한 모습이다. 또 자연 상태의 해마는 포식자나 질병 등에 의해 수명에 영향을 받지만 평균 3년에서 5년 정도 사는 것으로 알려져 있다. 물론 크기가 2센티미터 내외로 해마 중에서도 가장 작은 피그미해마는 상대적으로 수명이 더 짧아서 약 1년 정

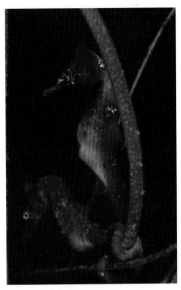

암수 한 쌍의 한국산 왕관해마

도 사는 것으로 추정하고 있다. 이와 같이 해마만이 가지는 독특한 번식 방법은 어떤 것이며, 해마가 어떻게 짝짓기를 하고 어떻게 새끼를 낳아 다시 어른 해마로 자라나는 것인지 해마의 일생을 따라가 보기로 하자.

# 해마의 신성한 짝짓기

모든 생물은 자연 상태에서 살아남아 많은 자손을 이어 가기 위해 경쟁을 펼친다. 대부분의 동물들은 암컷이 새끼를 낳아 기르는 역할을 담당하고 있다. 따라서 수컷은 건강한 자손을 낳아 주고 새끼를 잘 돌보아 줄 수 있는 암컷을 배우자로 얻기 위해 부단히 경쟁을 한다. 이러한 과정은 야생에서 종족 유지를 위한 가장 기본적인 모습으로, 우수한 배우자를 얻기 위한 수컷의 짝짓기 경쟁은 어디에서나 치열하게 전개되기 마련이다. 물론 암컷도 건강하고 우수한 자손을 낳기 위해 직접 또는 간접적으로 수컷을 선택하는 행동을 취한다. 그러나 동물마다 훌륭한 배우자를 고르는 방식이 다르기 때문에 그 방법은 매우 다양하다. 예를 들면, 사자는 덩치가 크고 날카로운 이빨을 가지고 있으며 힘이 센 수컷이 여러 암사자를 거느리게 된다. 이런 사자가 자신의 가족을 잘 보살피고 다른 수컷들을 제압할 수 있기 때문이다. 사슴도 큰 뿔을 가진 힘센 수컷이 암컷의 선택을 받아 짝짓기하기가 쉽다. 이 외에도 아름다운 외모가 짝짓기에 유리한 경우도 있다. 새들은 암컷을 매혹시킬 수 있는 화려한 색깔의 깃털과 아름다운 목청을 가진 수컷이 짝짓기 경쟁에서 승리하여 암컷을 차지한다.

해마는 우수한 유전자를 받을 수 있는 배우자를 선택하기 위해 어떤 방식으로 경쟁을 벌일까? 상대의 호감을 사기 위해 어떤 구애 행동을 할까? 해마 수컷도 역시 다른 물고기처럼 암컷에게 선택받기 위해 짝짓기 기간 동안 암컷 주위에서 마치 춤을 추는 듯한 동작을 취하며 구애 행동을 펼친다. 수컷들의 구애 행동을 보고 암컷이 스스로 배우자감을 선택한다. 아마도 암컷은 자신의 2세를 임신하고 있는 동안 알들을 잘 보살필 수 있는 수컷을 택하게 될 것이다. 수컷은 몸이 크고 튼튼하며 몸통과 꼬리에 난 돌기들이 강하고 날카로워 겉으로 보기에 건강한 모습을 갖추고 있어야 한다. 즉, 임신 기간 동안 알을 잘 보호하고 새끼를 안전하게 출산할 수 있게 생긴 수컷이 암컷의 짝짓기 상대가 되는 것이다. 이것은 수컷의 건강 상태가 임신하고 있는 동안 새끼들의 운명을 좌우하기 때문이다.

해마는 어떻게 짝짓기 시기를 알 수 있을까? 해마는 산란기가 되면 암컷과 수컷의 몸 색깔이 모두 밝게 변한다. 짝짓기 과정은 수컷이 암컷의 눈에 들기 위해서 암컷 앞에서 긴 꼬리를 늘어뜨리거나 감으면서 춤을 추는 것으로 시작한다. 암컷은 배우자를 쉽게 결정하지 않고 수컷의 생김새, 춤추는 모습 등을 신중하게 지켜보며 수컷의 애간장을 태운다. 배우자를 정한 암컷은 마음에 든다는 표시로 수컷의 꼬리를 감고 같은 방향으로 헤엄을 치거나 빙글빙글 돌면서 마치 커플댄스와 같은 춤을 추는데, 그 모습 자체만으로도 상대방을 열렬히 사랑하는 것처럼 보인다. 드디어 한 쌍의 신혼부부가 탄생하는 순간이다. 이러한 과정은 몇 시간에서 혹은 일주일 이상 지속되기도 한다. 서로에 대한 구애 행위가 끝나면 수면 부근으로 올라가서 짝짓기를 시작한다.

하지만 수컷의 이러한 노력에도 불구하고 암컷이 수컷을 받아들이지 않는 경우도 있다. 이처럼 신중하게 배우자를 선택하는 것은 워낙 개체 수가 적은 해마가 건강한 후손을 안정적으로 번식시키기 위해 선택할 수 있는 종족 보존 전략으로, 매우 중요한 과정이라고 주장하는 학자도 있다.

해마는 자연적으로 암컷과 수컷이 쉽게 만날 수 있을 만큼 개체 수가 많지 않은데다가 몸의 크기도 작아서 짝을 찾는 일이 절대 쉽지 않은 상황이다. 그럼에도 암컷이 수컷의 구애 행동을 오랜 기간 지켜 보고 또 신중하게 배우자를 선택한다는 사실이 이채롭기도 하고 조금 이해가 안 되는 부분이기도 하다. 암컷과 수컷이 자연 속에서 쉽게 만나기 어려울 정도로 숫자가 많지 않고 자신들의 움직임이 둔하여 서로 짝을 찾기 위한 노력을 많이 해야 하는 상황에서, 우연히 상대를 만났는데도 암컷은 수컷이 자신을 좋아하는 모습을 끝까지 지켜본 후에야 어렵게 수컷을 받아들이는 것을 보면,이성을 만나는 일은 사람뿐만 아니라 동물들도 이치로만 설명할 수 없는 미묘함이 있는 것 같다.

실험실에서 해마를 키우고 있을 때, 한번은 수조의 크기가 작아 수조 하나에 해마를 각각 한 마리씩 별도로 사육한 적이 있다. 이렇게 키우고 있던 암컷이 알을 가지는 시기가 되자 짝짓기를 위해 처음으로 수컷을 암컷이 있는 수조 안에 옮겨 넣어 주었다. 수컷 해마는 짝짓기를 위해 반나절

짝짓기를 하는 해마(왼쪽)와 알이 드러나 보이는 암컷 해마(오른쪽)

이상을 애처로울 정도로 암컷 주위를 돌면서 춤을 추고 꼬리를 감으면서 구애를 하는데, 암컷은 끝내 그 수컷을 선택하지 않았다. 결국 2~3회 수컷을 교체하는 과정을 겪고서야 짝짓기에 성공할 수 있었다. 또 한 번은 집단으로 수컷 여러 마리와 암컷 여러 마리를 대형 수조에 넣고 짝짓기를 시도한 적이 있다. 수컷들이 각각 대상으로 삼은 암컷 앞에서 춤을 추는 모습은 매우 아름다웠지만 그 많은 해마 중에 단 한 쌍만이 부부가 되었다. 그들 세상에도 서로가 짝을 보는 눈은 있는 것 같다.

　해마가 짝짓기하는 과정에서 암컷이 알을 수컷에게 전달하는 순간을 포착하는 것은 여간 어려운 일이 아니다. 오랜 수컷의 구애 과정 후에 간신히 두 마리가 하루 종일 꼬리를 감고서 연애를 시작할 때부터 비디오를 설치해 놓고 짝짓기 장면을 찍으려고 노력해 보았지만 헛수고였다. 이 과정 역시 수월하게 다음 단계로 진행되지 않기 때문이다.

이런 모습들로 보아 해마는 살아가는 것, 즉 생존 자체뿐만 아니라 짝을 찾는 것 또한 민감하고 신중한 물고기 중의 하나라는 것을 알 수 있다. 해마는 자연에서 얻기 어려운 조건을 인공적으로 맞추어 주어도 결코 떼를 이루어 사는 다른 물고기처럼 대량으로 번성하기는 어려울 것 같다.

물고기의 짝짓기 행동

대부분의 물고기는 암컷이 알을 낳으면 수컷이 알을 향해 정액을 뿌려 알과 정자가 만나서 수정이 된다. 이렇게 수정된 알에서 새끼가 자라 부화하게 된다. 이와 같이 몸 밖에서 수정이 이루어지는 것을 체외수정이라고 한다. 하지만 이런 체외수정도 마구잡이로 이루어지는 것은 아니다. 이들 역시 암컷 물고기를 차지하기 위한 수컷들의 피나는 경쟁이 진행된 후에 가능한 일이다.

예를 들면, 바다에서 살다가 자신이 태어난 강으로 돌아와 알을 낳는 연어는 알을 낳는 과정도 험난하다. 바다에서 자라 성숙해진 암컷과 수컷 연어는 산란기가 되면 자신들이 태어난 강으로 거슬러 올라온다. 강에 도착한 수컷은 먼저 알을 낳기에 적합한 장소를 찾아 암컷이 알을 낳을 구덩이를 만들기 시작한다. 수컷 연어는 자갈밭을 온몸으로 파헤쳐 알 낳기에 알맞은 크기의 구덩이를 만드는데, 이때 수컷들 사이에서는 자기가 만든 구덩이로 암컷을 데려오기 위해 옆구리로 다른 수컷을 밀어내는 등 치열한 경쟁이 펼쳐진다. 암컷은 수컷이 파 놓은 구덩이 가운데 마음에 드는 곳을 골라 알을 낳고 그 위에 수컷이 정액을 뿌려

배우자를 선택한 후 말미잘 속에 알을 낳아 암수가 함께 알을 지키는 흰동가리(왼쪽), 알을 몸 속에서 부화하여 마치 새끼를 낳는 것 같은 조피볼락(오른쪽)

서 수정이 이루어진다.

민물에 사는 참붕어는 산란기가 되면 강바닥에 있는 돌 중에서 알을 낳을 수 있는 돌을 고른 뒤에 돌 주변을 깨끗이 청소한다. 암컷이 먼저 돌 위에 산란을 하면 수컷이 정액을 뿌려 수정을 시키고 부화될 때까지 수정된 알을 수컷이 보호한다. 큰가시고기과에 속하는 물고기는 산란기가 되면 수컷이 물풀의 뿌리나 줄기를 이용해서 물속 바닥에 둥지를 만든다. 둥지가 완성되면 몸 색깔을 변화시켜 예쁘고 화려한 색으로 몸을 치장한 후, 배가 부른 암컷을 보면서 춤을 추어서 암컷을 둥지로 유인하고 알을 낳도록 자극한다. 암컷이 알을 낳고 둥지 밖으로 나오면 수컷이 둥지로 들어가 정액을 뿌려 수정시키고는 새끼가 부화할 때까지 둥지를 지키다가 일생을 마친다.

드물게 상어와 같이 암컷의 몸 안에서 수정이 이루어지는 체내수정을 하는 물고기도 있다. 상어가 짝짓기를 할 때는 수컷이 암컷의 뒤를 따라다니며 가슴지느러미나 아가미 같은 부위를 물어뜯어 짝짓기하는 동안 암컷이 몸을 움직이지 못하게 한다. 이러한 짝짓기 습성 때문에 상어의 피부가 다른 물고기보다 두껍게 발달한 것이라 여겨지기도 한다. 수컷은 생식기를 암컷의 생식공으로 넣어 암컷의 몸속에서 알과 정자가 만나도록 하여 수정이 이루어지게 한다. 체내수정이 되면 상어는 종에 따라 알을 낳기도 하고, 몸속에서 알을 부화시켜 마치 새끼를 직접 낳는 것 같은 모습을 보여 주기도 한다. 이런 모습과 유사한 방식으로 번식하는 물고기로는 우리가 식탁에서 매운탕으로 자주 만나는 조피볼락<sup>우럭</sup>이나 볼락이 있다.

체외수정이든 체내수정이든 물고기들의 짝짓기 행동은 자손을 번식시키고 종족을 유지해 나가기 위한 것으로, 이를 위해 모든 물고기들이 부단한 노력을 기울이고 있다.

# 아빠가 아기를 낳는다?!

 

 

해마는 번식 기간 동안 암컷 한 마리와 수컷 한 마리가 짝짓기를 하는 일부일처제의 습성을 갖고 있어서, 사람들에게는 금슬이 좋고 도덕성을 지닌 물고기 중의 하나로 알려져 있다. 앞에서 이야기했듯이 해마는 신중하게 배우자를 선택하는데, 일단 암컷이 수컷을 선택하면 둘 중에 하나가 죽을 때까지 서로 짝을 바꾸지 않는다. 수컷이 임신하고 있는 동안에도 암컷은 주위의 다른 수컷에게 눈길 한번 주지 않다가 수컷이 출산을 하고 나면, 다시 짝짓기를 해서 또 다른 2세를 낳는다. 이렇게 한번 맺어진 해마 부부는 서로 믿음을 지키며 매년 4~5번 새끼를 낳는다. 해마는 강인하게 느껴지는 외모와는 달리 부부애가 깊은, 매우 정서적인 물고기이다.

짝을 찾은 암컷은 캥거루의 아랫배에 있는 것과 같이 수컷 배 부분에 있는 보육낭에 알을 낳는데, 수컷이 먼저 보육낭의 윗부분을 열면 암컷은 배 부근에서 기다란 관을 내어 수컷의 보육낭 안으로 알을 넣는다. 이렇게 알이 옮겨지는 과정 동안 보육낭의 입구 주변에서 해마 수컷의 정자와 만나 수정이 된다. 수정된 알은 약 3주 동안 보육낭 안에서 부화 과정을 거치면서 새끼가 되어 태어난다.

그동안 과학자들은 해마의 수정이 언제 이루어지는지, 어떤 방법으로 수정되는지에 대한 의문을 가지고 있었다. 오랫동안 알이 수컷의 보육낭 속으로 들어가 보육낭 안에 있던 정액과 섞임으로써 수정이 이루어진다고 믿었다. 그런데 최근의 연구 결과는 다른 주장을 펴고 있다. 수컷 해마는 보육낭에 정액을 가지고 있는 것이 아니라 별도로 정액이 나오는 관이 있어서, 알이 암컷에서 관을 통해 수컷의 보육낭으로 전달되는 도중에

산호에 매달린 새끼 해마

수컷이 관을 통해 정자를 내보내 수정과 동시에 보육낭으로 옮겨진다는 것이다. 즉, 알이 수정되는 상황이 수컷의 보육낭 안에서 이루어지느냐 아니면 수컷의 몸 밖에서 이루어지느냐 하는 차이이다. 어떻게 보면 큰 의미가 없어 보이지만 해마를 인공적으로 번식하기 위해서는 새끼 생산량이 중요하기 때문에, 수정 장소와 시기에 대한 연구는 앞으로 해마를 연구하는 데 중요한 과제로 남아 있다.

짝짓기를 하여 수컷이 수정된 알을 건네받은 후 새끼가 태어날 때까지 보통 3주 정도의 시간이 걸리는데, 이 시기를 임신 기간으로 본다. 보통 임신은 수정 직후부터 새끼가 자라나서 태어날 때까지 어미가 몸 안에서 새끼를 보호하고 관리하는 과정을 말한다. 다시 말하면, 새끼를 낳는 포유류는 수정란이 자궁에 착상된 때부터 태아가 성장하여 자궁 밖으로 나올 때까지 과정을 말한다. 이에 비해 물고기는 대부분 수정된 알이 부모의 보호를 받지 못한 상태에서 혼자 부화하게 된다. 극히 일부 물고기만 부모의 보호를 받게 되는데, 암컷 또는 수컷이 각각 알을 보호하거나 암수가 함께 새끼가 부화할 때까지 주변에서 보호, 관리하기도 한다. 전세계 어류 가운데 3퍼센트 정도의 물고기가 임신과 비슷한

**실고기**(왼쪽)**와 배에 알을 붙인 실고기**(오른쪽) 실고기과 물고기는 알을 배에 붙이고 부화할 때까지 돌본다.

형태로 새끼를 관리한다.

　실고기과에 속하는 물고기도 여기에 속한다. 이들은 해마와 같이 암컷이 수컷의 복부에서 꼬리지느러미 사이에 있는 보육낭에 알을 낳고, 수컷이 임신하여 혼자 새끼를 관리한다. 보육낭이 없는 종들은 암컷이 알을 낳으면 수컷이 알을 배 주변의 피부에 붙여서 부화할 때까지 보호한다. 하지만 보육낭이 아닌 피부에 부착해서 자라는 알은 외부 환경에 노출되어 있으므로 알을 노리는 다른 생물들의 공격을 쉽게 받을 뿐만 아니라 산소 공급 등과 같은 어미로부터의 세심한 보호를 받기보다는 스스로 생명을 유지해야 하는 경우가 많다.

　지금까지 학자들 사이에서는 실고기과 물고기들이 갖

고 있는 보육낭의 역할에 대해 많은 토론이 이루어졌다. 보육낭이 기능적인 면에서 알을 외부 환경과 차단시켜 안전하게 관리할 수 있느냐 없느냐는 매우 중요한 문제이며, 이는 실고기과 어류의 번식학적 발달 단계를 보여 주는 증거가 되기도 한다. 결론부터 말하자면 알을 안전하게 보호할 수 있는 보육낭을 가지고 있는 해마는 실고기과 어류 가운데 가장 진화된 형태라고 해석할 수 있다.

지금까지 연구를 통해 밝혀진 보육낭의 역할은 암컷에게서 건네받은 알을 잘 관리하여 부화할 수 있게 만드는 것이다. 보육낭 내부는 비늘이 없고 피부 표면과 같은 상피세포로 되어 있어서 알에게 산소를 공급할 수 있다. 예를 들어, 해양 포유동물인 고래는 임신하면 탯줄을 통해서 어미로부터 영양 공급이 이루어지고 새끼를 낳으면 젖을 먹여 키운다. 하지만 해마는 알을 만들기 때문에 부화될 때까지 필요한 영양분이 알 속에 충분히 포함되어 있어서 별도로 영양을 공급할 필요는 없다. 알이 부화할 때까지 산소를 잘 공급하면 된다. 따라서 해마의 보육낭은 알에게 산소를 공급하고 안전하게 보호하여 알이 정상적으로 부화할 수 있도록 하는 성공률을 높이는 기능만 가지기 때문에, 해마가 임신

임신 중인 해마

하는 방식은 포유동물의 임신과는 차이가 있다. 실제로 대부분의 물고기 알은 약간의 화학 물질<sub>해양 생물에게서 나는 역한 냄새 물질로, 사포닌 계통이며 미생물을 죽이는 역할을 함</sub>을 배출하여 바깥에 노출된 기간 동안 알을 보호하려고 하지만, 실제로 자연 상태에서는 포식자에게 아무런 저항이 되지 못하여 대부분의 알이 탄생의 기쁨을 누리기 전에 사라진다. 이렇게 포식자에게 잡혀 먹히지 않더라도 환경이 변하거나 산소 공급이 어려우면 알은 바로 썩어 버린다. 알을 지키는 물고기는 항상 알 주변을 정리하고, 지느러미를 이용하여 알에게 산소를 공급해 주려고 애를 쓴다. 만약에 보육낭 속에서 부화된다면 다른 물고기 알보다는 훨씬 안정된 상태로 부화 기간을 보낼 수 있는 것이다.

해마의 임신 기간은 보통 10~34일 정도인데, 해마의 종류와 주위 환경에 따라 차이가 있다. 어미 해마 한 마리가 낳는 알의 개수도 종에 따라 다양하다. 소형종

갓 태어난 새끼 해마들

인 피그미해마는 약 50개의 알을 낳는 데 비해 대형종인 라인드해마와 빅벨리해마는 한 번에 1000개 이상의 알을 가질 수 있다. 알의 크기는 지름이 0.9~1.7밀리미터로 일반 물고기의 알과 비슷하며, 출산할 때는 2~20밀리미터 크기로 자란 새끼가 수컷 보육낭 속에서 세상 밖으로 모습을 드러낸다. 임신 기간이 지나 출산을 하면 수컷은 보육의 임무를 마치게 되는데, 만약 암컷이 다시 알을 낳게 되면 바로 다시 임신을 하게 되지만 보통 몇 개월 정도는 홀쭉한 모습으로 쉬게 된다.

출산 후 암컷과 수컷은 다음 번식기까지 영양 보충을 하는데, 암컷은 수컷이 보육낭 속에 알들을 임신하고 있는

어린 왕관해마

동안에도 다음 번 알을 만들기 위해 더 많은 에너지를 축적한다. 보통 암컷은 자기 체중의 3배 정도 되는 무게로 알을 만들고, 짝짓기를 하는 몇 시간 안에 수컷의 보육낭 속으로 알을 옮겨 놓아야 하기 때문에 알을 생산하고 짝짓기하는 데 많은 에너지가 필요하다. 반면 수컷은 정자를 생산하는 것보다 알을 임신하는 기간과 출산하는 데에 암컷보다 많은 에너지를 소모하게 된다. 무거운 알을 받아 임신 과정을 거치는 수컷은 부화하는 기간 동안 가능한 한 활발한 이동을 하지 않고, 단단한 물체를 잡고 있거나 기대어 지내기 때문에 먹이 활동을 하는 것이 임신하기 전과 차이가 있다.

이렇게 암컷과 수컷이 정성을 다해 보살핀 결과 새끼 해마가 부화되어 나온다. 세상 밖으로 나온 새끼 해마는 태어남과 동시에 부모와 떨어져 해양생태계라는 새로운 환경 속에서 스스로 삶을 개척하며 살아나가게 된다.

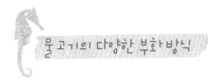

## 물고기의 다양한 부화방식

　지금까지 알려진 물고기 중에 약 97퍼센트 정도가 알을 낳는다. 한 번에 낳는 알의 수는 보통 수십 개에서 수십만 개로 다양하다. 괭이상어는 오직 2개의 알을 낳지만, 흰동가리는 500~1000개 정도의 알을 낳으며 대부분의 물고기는 보통 1만~10만 개의 알을 낳는다. 이렇게 알을 낳아 부화하여 자손을 번식시키는 방법을 난생卵生이라고 한다. 보통 산란된 알들은 자연 속에서 부화될 때까지 어미들로부터 특별한 보호를 받지 못한다. 하지만 일부 물고기는 지극 정성으로 부화할 때까지 알을 보호하고 돌보기도 한다. 예를 들어, 말미잘 촉수 안에서 살면서 말미잘과 공생하는 물고기인 흰동가리는 알을 잘 보호하기 위해 말미잘 바로 아래 돌이나, 물 흐름이 원활해서 산소 공급이 쉽고 포식자의 눈에 잘 띄지 않는 곳에 알을 낳는다. 암컷과 수컷은 알이 부화할 때까지 주위를 떠나지 않고, 지느러미를 부채질하듯이 움직여서 알에 산소를 공급한다. 입으로는 알에 붙는 이물질을 제거하거나 도중에 죽은 알을 골라내는 등 알들이 부화할 때까지 세심하게 관리한다. 새끼들이 부화한 후에도 말미잘 속에서 한동안 같이 지내며 독립할 크기가 될 때

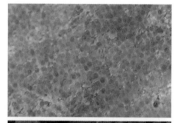

알을 바위에 붙여 놓고(위) 주변을 맴돌며 지느러미로 알에 산소를 공급하거나(가운데) 알을 먹어 치우는 해적 동물을 쫓아낸다(아래).

까지 새끼를 보호한다. 이런 방식으로 알을 지키는 어류는 주로 바위나 산호초 등에 알을 붙이는 종류로 흰동가리 외에 노래미류와 자리돔 등 여러 종류가 있다.

알을 낳은 후 수정된 알을 다시 몸속으로 가져와서 부화시키는 종류도 있다. 레드 제브라Red Zebra, 시클리드Ciclid, 줄도화돔 종류는 입으로 알을 품어서 부화시키는데, 이러한 형태를 구중부화라고 한다. 이들 물고기는 짝짓기 과정에서 암컷이 바다에 알을 낳으면 수컷이 정액을 뿌려 수정이 이루어지게 한 후에 곧바로 암컷이나 수컷이 입으로 수정된 알들을 품어 부화할 때까지 보호한다. 주로 수컷이 입 안 가득 알을 품는다. 오비클레이트 카디날피쉬Orbiculate cardinalfish는 크기가 8센티미터에 불과한데 최대 1만 1000

개의 알을 입 안에 머금을 수 있다. 구중부화를 하는 물고기들은 알이 부화할 때까지 아무것도 먹지 못한다. 그래서 알을 품는 동안 몸무게가 부쩍 줄어서 알이 부화되고 나면 머리와 몸이 비대칭처럼 보인다. 그중에는 알이 입속에서 부화된 뒤에도 새끼가 스스로 먹이를 찾을 수 있을 때까지 입에 넣고 다니며 보호하는 종류도 있다.

한편, 짝짓기를 할 때 암컷의 몸속에 수정을 하여 어미 몸속에서 부화하여 출산하기 전까지 어미로부터 영양과 산소를 공급받으며 자라다가 태어나는, 마치 포유동물과 비슷한 방식으로 새끼를 낳는 물고기도 있다. 이러한 방식을 태생胎生이라 한다. 망상어와 일부 상어 등 연골어류가 여기에 속하며, 보육낭에서 자라 새끼로 태어나는 해마도 여기에 속한다. 태생 어류 중에서 약 80여 종은 새끼를 낳은 후에 일정 기간 동안 암컷과 수컷이 함께 새끼를 보호하며, 약 30여 종은 암컷이 출산한 후에 수컷이 홀로 새끼를 돌보며 육아 기간을 가진다.

난생과 태생의 중간 형태도 있는데 바로 난태생卵胎生으로, 알은 태생과 같이 어미의 몸속에서 부화하여 새끼로 태어나므로 마치 태생과 비슷하지만, 몸속에서는 알 형태를 유지하기 때문에 부화할 때까지 어미로부터 영양분을 받지 않고 알에서 깨어나자마자 밖으로 나오게 된다. 식탁에 자주 오르는 조피볼락우럭이 여기에 속한다.

# 험난한 성장 과정

갓 태어난 어린 물고기들은 몸의 형태体形, 색깔体色, 그리고 지느러미의 모양 등이 부모와 얼마나 닮았는가에 따라 발달 단계를 구분한다. 즉, 태어나자마자 겉모습으로 종의 특성을 뚜렷이 구분할 수 있느냐 없느냐에 따라 자어仔魚와 치어稚魚 단계로 나눈다.

자어larva는 알에서 부화하여 먹이를 먹기 전 단계의 어린 물고기를 가리킨다. 이 시기에는 어느 정도 자랄 때까지 스스로 필요한 영양분을 얻을 수 있도록 조그만 덩어리를 배 부분에 갖고 있다. 간혹 다큐멘터리에서 갓 태어난 물고기가 몸속에 노란색 덩어리를 가지고 있으면서 제대로 움직이지도 못하는 모습을 볼 수 있는데, 바로 이때가 자어 단계이며 배 속의 노란색 덩어리는 난황이다. 그 모습은 마치 새끼 물고기가 노란색 도시락 주머니를 배에 달고 있는 것처럼 보인다. 이 난황은 물고기가 자라면서 크기가 점점 줄어들다가 결국 없어지게 된다.

치어 juvenile는 자어의 다음 단계로, 겉모습은 물고기가 가지는 고유한 특징을 보이고 있지만 몸에 나타난 색깔과 형태는 아직 어미와 약간의 차이가 있다. 이 무렵에는 어느 정도 몸이 자랐기 때문에 물의 흐름에 무조건 휩쓸려 가지 않고 물속에서 스스로 멈추었다가 헤엄치는 힘을 가지게 된다. 또한 스스로 영양분을 조달하던 난황의 흡수가 모두 끝나서 먹이를 직접 찾아 먹기 시작한다. 치어가 자라 겉모습이 어미와 같은 단계가 되면 미성어未成魚라고 하며, 완전히 성숙하여 번식이 가능해지면 드디어 성어成魚라고 부른다.

보통 알에서 갓 깨어난 새끼는 일정 기간 동안 배 속에 난황을 달고 생활하는 자어 단계로 태어난다고 했는데 과연 해마도 그럴까? 해마는 갓 태어났을 때에도 몸에 난황 물질이 없다. 이것은 해마가 살아남기 위해서는 태어나자마자 스스로 먹이를 찾아 나서야 한다는 것을 의미하기도 하며, 다른 한편으로는 해마는 보육낭 속에서 난황을 모두 소비하며 충분히 자란 뒤 어느 정도 안정된 상태로 태어난다는 뜻이기도 하다. 다시 말하면, 해마는 자어 단계 없이 바로 치어로 태어나는 셈이다.

해마가 일반적인 물고기와 달리 치어 단계로 태어나는 데는 중요한 생존 전략이 숨어 있다. 대부분 해마는 한 번에 고작 수십에서 수백 마리의 새끼를 낳는다. 수컷 해마로부터 태어난 적은 숫자의 새끼가 한 마리라도 더 살아남으려면 태어나자마자 포식자와 열악한 환경을 피하여 산호초, 잘피 숲, 해조류 등 숨어 지내기 편리한 환경에 몸을 숨길 수 있도록 이동해야 하고 먹이도 스스로 잡아먹을 수 있어야 하기 때문이다. 만일 해마가 노란 난황을 가지고 태어난다면, 바로 먹이를 찾아야 하는 절박함은 없겠지만 움직임이 더욱 둔해져서 바닥에 가라앉아 포식자들에게 들키지 않도록 가슴 졸이며 기도해야 하는 기간이 길어졌을 것이다.

한 번에 수만 또는 수십만 개의 알을 낳는 물고기는 산란한 알이 사방으로 흩어지게 하여 한꺼번에 포식자 등 해적 생물에 의해 사라지는 확률을 줄인다. 새끼가 1퍼센트만 살아남더라도 최소한 수천 마리는 된다. 그러나 부화되는 새끼 수가 적은 해마는 종족을 안정적으로 번식시키기 위해 보육낭 속에서 임신 과정을 거치며 좀 더 튼튼하게 키워 치어 단계를 마친 새끼를 낳아 피해를 줄이려는 것이다.

보육낭을 떠난 어린 새끼 해마는 일단 다양한 물체에 붙어 함께 떠다니는 부유 생활기를 갖는다. 즉, 혼자서 물속을 헤엄치기에는 아직 힘이 부족하기 때문에 일단 무언가에 몸을 고정시킨 상태로 떠다니는 것이다. 이때 대부분의 새끼들은 바닷물이 흘러가는 대로 이동하기 때문에 부모 해마와는 이별을 하게 된다. 하지만 해마가 사는 지역이 해류의 흐름이 빠른 곳이 아니기 때문에, 때로는 어미 근처에서 새끼들이 함께 지내는 모습이 관찰되기도 한다. 부유 생활을 하는 기간은 해마에 따라 차이가 있지만, 보통은 태어난 지 2주에서 8주 정도이다. 어린 해마는 떠다니면서 작은 플랑크톤을 잡아먹는다. 부착된 물체 주변으로 살아 있는 먹잇감이 다가오기를 기다리다가 적당한 크기의 먹이가 주둥이 앞까지 다가오면 빠르게 낚아채 먹는다. 어린 해마가 잡아먹을 수 있는 생물은 지극히 작은 동물성 플랑크톤이나 산호 알, 갓 태어난 조개, 성게 유생 정도이다. 부유 생활을 하는 동안에도 어미와 똑같이 좀처럼 움직이지 않지만, 한동안 먹이를 먹지 못해 배가 고프면 꼬리를 감아 부착해 있던

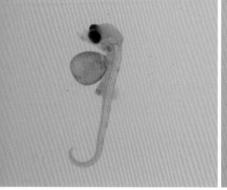

**해마의 성장 과정**  출산 직전 난황을 달고 있는 보육낭 속의 해마(왼쪽), 갓 태어난 해마의 치어(오른쪽)

물체에서 떨어져 나와 직접 사냥을 하기도 한다. 그러나 이동 거리는 고작 수십 센티미터에 불과하며, 먹이를 잡아먹은 뒤에는 다시 몸을 부착시킬 수 있는 물체를 찾는다. 태어난 지 며칠이 지나면 카멜레온처럼 양쪽 눈을 각각 독립적으로 움직일 수 있게 되지만, 어미만큼 시각이 발달하기까지는 시간이 좀 더 걸린다. 새끼 해마를 실험실에서 관찰해 보면, 하루에 약 0.6센티미터 크기의 동물플랑크톤을 20개체 정도 먹는 것을 볼 수 있다.

해마는 성장함에 따라 몸 색깔이 더욱 짙어지고, 돌기는 선명해진다. 머리는 커지고 주둥이가 길어져서 먹이를

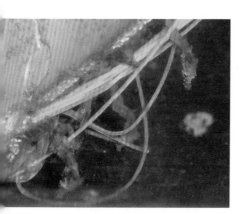

태어난 지 20일쯤 된 어린 해마들

사냥하는 기술이 늘고, 꼬리의 힘은 더욱 강해져서 부착기에 꼬리를 단단히 감고 생활할 수 있게 된다.

태어난 지 3개월에서 1년쯤 되면 짝짓기를 할 수 있을 정도로 성숙하게 된다. 성숙하는 시기는 해마의 종에 따라 조금씩 차이가 있는데 소형 종일수록 성숙하는 시기가 빠르고 대형 종일수록 늦어진다. 피그미해마는 태어난 지 3개월이면 성숙기에 이르지만 최대 20센티미터 정도까지 자라는 복해마는 6개월 정도 걸려야 성숙하게 된다.

신기하고 예쁜 해룡과 해마들

3부

해마와
인간

해마는 지구상에서 열대 지역과 온대 지역을 중심으로 한정된 지역에서만 살고 있을 뿐만 아니라 크기도 작고 개체 수도 적어서 어디에서나 볼 수 있는 물고기는 아니다. 그럼에도 아주 오래전부터 인간과 깊은 관계를 이어 오고 있

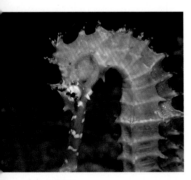

바브리해마

다. 아마도 해마의 독특한 모양과 생태적 특징 때문에 인간들이 의미 있는 동물로 여기게 되어서 그리 되었을 것이다. 지금부터는 인간 세상 속으로 나온 해마의 모습을 찾아보도록 하자.

해마는 아주 오래전부터 인간의 역사 속에 등장한다. 아니 해마가 등장한다기보다는 해마를 가리키는 다른 이름으로 해마를 만날 수 있다. 언제부터인지 확실하지는 않지만 해마를 '히포캠푸스hippocampus'라는 이름으로 부르기 시작하였다. 히포캠푸스는 그리스어로 말horse을 뜻하는 히포hippo와 괴물이라는 뜻의 캄포스kampos가 합쳐진 단어로, 그대로 해석하면 '괴물말'이 된다. 아마도 상상 속의 동물인 바다에 사는 말에 이름을 붙였는데, 실제로 바다에서 말과 유사한 모양의 물고기가 발견되자 상상 속 동물의 이름을 실제 해마에게 붙여 부른 것 같다. 왜냐하면 지중해에서 발견되는 해마는 주로 북아프리카 주변에 살고 있어서, 그리스에서는 해마를 보기가 쉽지 않기 때문이다.

히포캠푸스의 모습이 표현된 가장 오래된 그림은 페니키아의 동전으로 추정된다. 그런데 그 모습은 지금의 해마보다는 상상 속의 동물에 더 가깝다. 네 다리가 그대로 있는 말에 꼬리지느러미가 붙어 있는 모습이다. 아마도 역동적인 말이 바닷속으로 들어가 사는 모습을 상상한 것 같다. 페니키아는 기원전 1550~300년 사이에 바다를 중심으로 번성하였던 문명이다. 따라서 바다에 대한 다양한 신과 상상 속의 동물괴물 모습들을 형상화하다가, 역동적인 바닷속 동물로 말을 유사하게 표현한 히포캠푸스가 그려진 것 같다.

누가 뭐라고 해도 히포캠푸스는 그리스 신화를 통해 가장 널리 알려졌다. 하지만 불행하게도 신은 아니고, 신이나 요정들이 타고 다니는 수단으로 소개되고 있다. 바다의 신 포세이돈이 히포캠푸스를 타고 다니거나 4마리의 히포캠푸스가 끄는 황금마차를 몰고 다니는 모습을 여기저기에서 쉽게 찾을 수 있다. 그런 까닭에서인지 그리스의 어부들은 바다에 큰 폭풍이 발생하면 포세이돈이 화가 났기 때문이라 생각하고, 건강한 말을 제물로 바다에 빠트려서 포세이돈을 달래는 의식을 치렀다고 한다. 가끔씩 그물에 걸려 나오는

해마가 포세이돈이
부렸던 말의 후손이
라 굳게 믿게 된 것은
어쩌면 당연한 결과
일지도 모른다.

트레비 분수의 히포캠푸스

　로마가 그리스를
정복한 후에는 바다
를 다스리는 신이 포
세이돈에서 넵튠으로 바뀌었다. 넵튠은 삼지창을 들고 바다
를 지배하는 로마의 신이었는데, 그가 타고 다니는 말 역시
'히포캠푸스'라 불리었다. 시대가 변하여 신은 바뀌었지만
말은 같은 이름 그대로 불리었다. 고대 유럽에서는 바다에
서 가장 역동적인 생물이 해마, 즉 히포캠푸스라 여기고 있
었던 것 같다. 로마에서 가장 유명한 유적지 중의 하나인 폴
리 대공의 궁전에 있는 트레비 분수에도 넵튠이 히포캠푸스
가 이끄는 마차를 타고 가는 역동적인 모습을 조각해 놓은
조각상이 있다.

　그 이후 히포캠푸스라는 이름은 동양의 문화에서 용과
같은 이미지로 유럽 문화 속으로 널리 퍼졌다. 발음에 약간

의 차이는 있지만 프랑스, 독일, 영국 모두 해마를 히포캠푸스로 부르고 있다. 중세를 거치면서 신화 속 바다 괴물 히포캠푸스와 유사한 생물이 우연히 잡히자 그 물고기에게 히포캠푸스라는 이름을 붙여 주어 해마의 분류학적 이름이 히포캠푸스가 된 것은 아닐까 하고 생각해 본다.

유럽의 신화에서 해마라는 이름이 유래되었다고 이야기했지만, 이미 그 이전에 여러 지역에서 해마에 대한 기록을 찾아볼 수 있다. 우선 호주 원주민인 에버리진Aborigine은 상상 속의 동물인 '무지개 뱀'을 위대한 신으로 모시고 있었다. 호주 아른헴 랜드Arnhem Land의 한 동굴에서 약 4000∼6000년 전에 그린 것으로 보이는 무지개 뱀의 벽화가 발견되었다. 그런데 벽화 속 무지개 뱀의 모습은 머리가 가슴을 향해 꺾여 있고 주둥이가 대롱 모양이며, 마치 임신한 듯한 배 모양을 하고 있다. 모습만으로는 뱀이 아닌 마치 실고기과 물고기, 그중에서도 해마를 묘사한 듯하다. 고고학자들은 벽화에 나타난 무지개 뱀이 호주 연안에만 서식하는 해룡sea dragon을 닮았으며, 특히 리본드해룡ribond sea dragon과 유사하다고 해석하였다.

멕시코에도 해마에 대한 전설이 있다. 하지만 다른 지

역과는 달리 해마의 이미지가 좋지 않다. 멕시코 인디언인 세리Seri 족은 모든 동물이 사람처럼 말을 한다고 믿었는데, 동물 세계에서 나쁜 짓을 많이 한 해마는 다른 동물들에게 돌팔매질을 당하자 이를 피해 바다로 도망가 돌아오지 못하고 물속에서만 살게 되었다는 전설이 있다. 해마의 표면이 울퉁불퉁한 것은 돌팔매로 맞아서 생긴 것이고, 물속에서는 먹을 것을 충분히 구할 수 없어서 몸이 바짝 말랐다고 전해진다.

북유럽에서는 주로 호수 주변으로 해마의 전설이 전해진다. 머리는 말과 같이 생기고 몸은 물고기를 닮았으며, 이름은 켈피Kelpie라고 불렀다. 켈피는 물 밖에서는 멋진 말로 사람과도 친숙해서 등에 태우고 잘 달리지만, 물 냄새만 맡으면 사람을 태운 채 물속으로 뛰어들어 사람을 익사시킨다고 한다. 실제로 해마는 호수나 강에서는 살지 않지만, 북유럽에서는 말이 가장 역동적이고 강한 모습을 한 동물 중의 하나이기 때문에 광활한 호수를 지배하는 무서운 동물로 해마를 상상한 것 같다.

1960년에 한 무덤에서 발견된 수공예품에서도 해마의 모습을 만날 수 있다. 이것은 기원전 7세기 고대 터키에서 제작된 리디아 문양의 아름다운 수공예품으로, 고대인들이 상상했던 해마의 모습이 잘 드러나 있다. 고대 터키 사람들은 해마를 양쪽 옆구리에 날개가 달린 모습으로 묘사해 마치 포세이돈이 타고 다녔던 히포캠푸스를 연상시킨다.

19세기에 이르면서 해마는 본래의 모습을 보여 주기 시작한다. 미국의 화가 프레더릭 처치Frederick Church는 인어가 해마를 타고 있는 모습을 그려서, 당시의 해마 이미지가 강한 모습이 아닌 신비스러운 대상으로 바뀌었음을 보여 준다. 하지만 그의 그림 속 해마 모습은 상상 속 동물보다는 실제 자연 속 해마의 모습에 가깝게 묘사되어 있다.

해마는 신화에 나오는 상상 속의 동물에서 실존하는 동물로 바뀌는 과정에서도 여전히 사람들에게는 신화 속의 역동적인 모습과 신비함이 그대로 반영되었다. 실제로는 작고 민감한 바닷속 물고기이지만, 강인한 인상을 심어 주어 바다 또는 강인한 힘을 표현하는 대표적 동물로 활약하게 된다. 중세 봉건시대에는 지역이나 가문을 나타내는 휘장에 그려졌으며, 현대에 와서도 대학교나 프로 축구팀 등의 로고로 또는 바다 주변에 자리 잡은 도시를 상징하는 마스코트로 여전히 인기를 누리고 있다. 이제는 신비스럽고 경외

**여러 곳에서 발견되는 해마의 흔적** **1** 동전 속 해마 **2** 프레더릭 처치의 해마 스케치 **3** 해마를 본 떠 만든 조각상 **4** 컵에 그려 넣은 해마

감을 갖게 했던 대상이기보다는 바다를 대표하는 상징 중에 강인함을 표현하는 동물이 된 것이다. 우리나라에서도 군대에 관련된 것이나 용기를 표현하는 동물로 상어나 해마가 등장한다.

앞에서 이야기했듯이 자연 속에 살고 있는 해마의 실체를 알게 되면 과연 이런 강한 이미지와 어울리는 것인지 의문이 생긴다. 강인해 보이는 외모와 육식성 동물이란 점을 제외하면 실체와 이미지 사이에 상당한 거리가 있기 때문이다. 육식성이라고는 하지만 해마는 어린 새우나 동물플랑크톤 정도를 잡아먹고, 항상 꼬리로 무언가를 감싸 몸을 지탱하며, 포식자를 피해 은신처에 숨어 사방을 경계하는 작은 물고기에 지나지 않는다. 그런 이유 때문인지 해마의 이미지가 조금씩 바뀌는 것 같다. 특히 수족관 산업이 발달하면서 세계 여러 곳에서 쉽게 해마를 만날 수 있게 되자 원래의 강인한 이미지 대신 귀엽고 친숙한 이미지로 바뀌어 가고 있다. 2004년 아테네장애인올림픽 마스코트가 해마였다. 이제는 일러스트를 통해 귀여운 모습의 해마를 쉽게 만날 수 있으며, 인형이나 어린이용 문구에서도 쉽게 찾을 수 있는 동물이 되었다.

# 우리나라의 해마

세계 최초로 금속활자를 만든 기술력을 가진 우리나라는 책 편찬의 역사도 깊다. 물론 다양한 분야에서 책이 편찬되지는 않았지만, 불교와 유교 관련 종교 서적들을 비롯해서 주로 역사와 철학 책 등이 출간되었다. 그런 가운데 우리나라 주변에 살고 있는 바다 생물을 조사, 관찰하여 기록한 정약전의 『자산어보』는 존재 그 자체만으로도 귀한 자료임에는 틀림없으나, 불행하게도 크기가 작은 우리나라 해마는 쉽게 관찰되지 않아서인지 그에 대한 기록은 찾을 수 없다.

유명한 우리나라 의학서인 허준의 『동의보감』에는 '성질은 평온하고 독이 없으며 아이를 어렵게 낳는 산모를 치료하는 데 도움이 된다. 부인이 어려운 해산 과정을 겪을 때,

이것을 손에 쥐면 생물 중에 가장 쉽게 새끼를 낳는 양과 같이 순산한다. 따라서 해산에 즈음하여 이것을 손에 쥐는 것이 좋다. 이것은 일명 수마水馬라 하는데 남해에서 살며 생김새는 수궁도마뱀붙이과 같고, 머리는 말과 같고, 몸은 새우와 같고, 등은 곱사등이고, 그 색은 황갈색이다. 아마 새우류인 것 같다. 햇볕에 말려 암수를 한 쌍으로 한다.'고 기록되어 있다. 어떤 근거로 우리가 자랑하는 세계적인 의학서에 이러한 치료 방법이 소개되었는지 모르지만, 오래전부터 해마가 약재로 쓰인 것만은 분명하다. 이런 내용은 중국 당나라 의서인『본초습유』와 중국 송나라 때 편찬한 약재 감별과 약물에 관한 해석을 붙인『본초연의』에서도 찾을 수 있어 중국 고대 의학 서적에서 인용한 것으로 짐작된다.『동의보감』에서도 이름을 '수마'라 기록하고 있어서 서양에서와 같이 전체적인 생김새에서는 말을 연상하였고, 비늘이 없으며 단단한 껍질 모양을 보아 갑각류로 분류한 것이 독특하다.

이러한 내용은 조선 후기 때 정약용이 한자와 한글을 섞어 동물, 식물, 광물의 이름과 함께 그 성질과 특성을 기록한『물명고』에서도 언급하고 있다. 여기서는 해마를 "모양은 말과 같고 몸은 새우와 같으며 색은 황갈색이다. 암수를 잡아서 말려 부인의 출산에 즈음하여 손에 쥐게 한다."고 기록하고 있다. 아마도『동의보감』을 인용한 듯하다. 다만, 이 책에는 '중국 남해와 일본 해양은 모두 해마를 생산하며, 우리나라 서해와 남해에도 있다. ……' 는 내용이 추가되어 있다.

## 해마를 보호하자

해마는 이제 강인한 모습보다는 작고 아름다운 모습으로 사람들의 관심을 끌게 되었으며, 더는 상상 속의 동물이 아니라 세상에 잘 알려진 동물이 되었다. 이러한 사람들의 관심은 해마를 마구 잡아들이는 남획으로 이어졌으며, 자연 환경의 오염으로 서식처마저 줄어들어 해마를 더욱 곤경에 빠뜨렸다.

해마 연구 단체인 프로젝트 씨호스Project Seahorse가 1996년에 해마 보호 운동을 시작하였다. 원래 해마만을 보호하는 단체가 아니라 연안에서 사라져 가는 해양 생물을 보호하기 위해 발족한 비정부단체NGO였는데, 지금은 해마가 가장 관심과 노력을 쏟는 대표 생물이 되었다. 그러나 이들이 해마를 보호하자는 운동을 펼치는 데는 여러 가지 어려움이 따랐다. 해마를 마구 잡아들이는 지역은 주로 경제적으로 어려운 열대 지역 섬나라들로, 해마 채취가 주민들의 수입과 직접적으로 연결되어 있을 뿐만 아니라 충분한 교육을 받지 못하여 해마를 보호해야 하는 이유를 설명해도 이들을 설득시키기가 쉽지 않았다. 고민 끝에 이들은 해마를 보호하는 방법을 바꾸어 접근하였다. 해마가 임신하고 있는 기간보다는 출산한 후에 채취하도록 유도하거나, 앞으로 오랫동안 지속적으로 해마를 채취하려면 지금의 채집 규모를 줄여야 한다고 설득하며 최소한의 채집 개체 크기를 정해 주는 등 우회적인 방법을 사용한 것이다.

실제로 해마 자원은 1980년부터 1990년까지 10여 년 동안 50퍼센트가량 줄어들었다. 가장 큰 원인은 중국의 경제가 발전함으로써 소득이 늘어나 해마를 원료로 하는 고급 요리와 약품에 대한 수요가 증가하였기 때문이다. 해마 자원이 급격히 감소하면서 멸종 위기까지 생각하는 상황에 이르게 되자 1993년에는 국제연합환경계획UNEP에서 발표한, 해양생태계에서 중요하다고 인식되는 종에 부여하는 '깃대종'에 포함시켰으며, 2002년에는 마침내 해마가 국제적 거래 금지 품목으로 지정되었다. 어류가 금지 품목으로 지정된 것은 해마가 처음이다. 10센티미터로 크기를 제한하는 조건이 붙기는 했으나, 이제 해마 거래는 국제적으로 불법이다. 그런데 음성적 거래가 늘어나면서 오히려 해마의 가치를 높이는 결과를 불러왔다. 해마를 보호하기 위한 다양한 홍보와 보호 방법들이 과연 해마를 생존시키기 위해 적절한 조치인지 고민되고 고민해야 하는 부분이다.

우리나라도 해마 채집에 큰 역할을 하는 나라 중의 하나였다. 주로 약재로 쓰기 위해 해마를 수입했었다. 그러나 최근에 비아그라와 같이 해마의 효능과 관련 있는 다양한 양약들이 개발되었고, 이 약들이 오랜 기간 꾸준하게 복용해야 하는 한약에 비해 선호도가 월등히 높아지자 건강제로 쓰이던 해마의 수요가 급격히 줄었다. 이제 약재 시장에 가도 쉽게 해마를 볼 수 없는 것은 국제적 규제 때문이 아니라 수요가 줄어든 때문이다. 이는 해마를 보호하는 새로운 방법을 찾는 데 참고할 만하다.

# 사육의 첫걸음, 인공 배양

인간은 오랫동안 물고기를 먹을 수 있는 것과 없는 것으로 단순하게 구별해 왔다. 시간이 흐르고 생물에 대한 호기심이 생기면서 이런 단순한 시각에서 벗어나 물고기를 양식해서 애완동물로 기우기에 이르렀다. 생물에 대한 호기심으로 수조에 물고기를 담아 키우기 시작한 것은 로마시대까지 거슬러 올라간다. 최초의 물고기 사육은 대리석 수조에 잉어를 키운 것으로 알려져 있다. 중국의 명나라 때에는 도자기로 만든 어항에 금붕어를 키웠다는 기록이 있다. 정원에 연못을 만들어 물고기를 키운 것까지 포함시킨다면 그 역사는 더 오래전으로 거슬러 올라간다.

최초로 건설된 대형 공공 수족관은 1853년 영국의 런던

동물원에 개장한 피시하우스Fish House이다. 이후 물고기에 대한 애호가들이 등장하면서 '관상어' 라는 용어도 생겨났으며, 수족관이 건설된 것을 계기로 수생 생물 관리 기술도 발전기에 접어들었다. 수족관은 바다 생물과 바다에 대해 알고자 하는 사람들의 지적 욕구를 충족시켜 줄 뿐만 아니라 생태계 보호에 관한 교육 활동도 활발하게 펼치고 있다.

그중에는 해마를 보호하기 위해 여러 가지 노력을 하는 단체들이 있는데, 대표적인 곳이 캐나다에 있는 밴쿠버 수족관이다. 이곳에서는 멸종 위기의 해마를 전시하며 관람객들에게 자연 속의 해마가 처해 있는 어려운 상황과 이런 해마들을 보호하는 데 필요한 내용들을 알리고 있다. 밴쿠버 수족관을 중심으로 전 세계에서 해마를 연구하는 전문가들끼리 서로 해마의 생태와 번식에 대한 연구 결과나 정보를 교환하기도 하고, 인공 배양과 사육 기술에 관한 연구도 진행하고 있다.

해마를 인공적으로 키우며 전시하기 시작한 것은 1960년대 관상어 전문가들에 의해서이다. 하지만 처음에는 자연에서도 쉽게 구할 수 없을 정도로 희귀한 해마를 대상으로 생태를 파악하고, 한 발 나아가 키워 내기까지 해야 하는 일

수족관에 전시되고 있는 해마의 다양한 모습

이 결코 쉽지 않았다. 1990년대가 되어서야 호주와 미국 같

은 선진국들이 자연 속의 해마가 점차 사라져 가면서 멸종

위기에 놓인 사실에 주목하고 인공 배양 기술을 개발하기

시작하였다. 1990년대 말에 드디어 그 결실을 맺기 시작하

여 지금은 인공적으로 해마를 번식시키고 생산할 수 있게 되었다. 호주에는 해마를 대량으로 사육하여 판매하는 회사가 생겨났을 정도이지만, 아직까지 인공적으로 키워 낼 수 있는 해마의 종은 10여 종에 불과하다. 해마의 최대 수요 국가인 중국의 경제가 발전하면서 그 수요가 점점 더 늘어나는 등 여전히 해마의 생존을 위협하는 요소는 많다.

우리나라에서는 2000년대 초반부터 해마의 인공 배양 기술을 연구하기 시작하였다. 이때까지만 해도 해마의 생태와 생활 습성 등에 대한 정보가 거의 없어서 양식에 어려움을 겪었으나 꾸준한 연구가 이어져, 지금은 우리나라에서도 바브리해마*Hippocampus barbouri*, 롱스노우트해마, 복해마, 가시해마 4종의 해마 양식에 성공하여 독자적으로 대량 생산할 수 있게 되었다. 현재 우리나라는 전 세계에서 인공적으로 해마를 배양할 수 있는 몇 안 되는 나라 중의 하나이다.

# 해마 키우기

물고기는 배가 고프거나 병이 들어 아파도 표현을 하지 못하므로 다른 동물을 키울 때보다 세심하게 평소의 행동을 관찰해야 한다. 특히 해마는 거의 움직임이 없어서 자세히 지켜보지 않으면 안정적으로 생활하고 있는지 판단하기가 어렵다. 따라서 해마를 키우고 싶다면 다른 어떤 생물을 대할 때보다도 세심한 배려심을 가져야 한다. 해마를 키울 때에는 항상 눈의 움직임, 꼬리를 감고 있는 모양, 지느러미의 움직임 등을 주의 깊게 살펴야 한다. 사람이 다가갔을 때 해마가 어떤 반응을 보이며 눈을 맞추는지, 먹이를 주었을 때 먹이에 어떻게 다가오는지 등의 반응을 눈여겨보아야 한다. 해마를 키우기 위해서는 먼저 바다 생물을 키우는 방법부터

실험실 수조에서 해마를 키우는 것(왼쪽)으로, 여러 개의 수조를 설치하여 해마를 키운다(오른쪽).

익혀 두어야 한다. 민물에 사는 생물을 키우는 방법은 많이 보급되어 있어서 생각보다 어렵지 않지만, 바다 생물은 어항의 수질 조건을 맞추는 것부터 까다롭기 때문이다. 미리 수질 조건에 잘 적응하는 물고기를 키우면서 물 관리 기술을 익혀 두면 좋다.

집에서 직접 해마를 키우려면 먼저 수조를 준비해야 한다. 해마 수조는 금붕어 한두 마리쯤 키울 수 있는 정도의 작은 어항은 피해야 한다. 수조가 작으면 작을수록 해마가 원하는 수질 환경을 유지하기가 어렵기 때문이다. 해마는 움직임이 거의 없지만 이동하게 되면 좌우뿐만 아니라 상하로도 움직이기 때문에 수조의 모양을 해마의 움직임에 맞추어

130

해마가 꼬리를 감을 수 있도록 인공 바
닷말로 수조를 꾸며 준다.

충분히 고려해야 한다. 물을 60리터쯤 채울 수 있는 크기의 수조라면 해마 4마리 정도를 키우기에 적당하다. 수조 모양은 사각형이나 원형이 적당하며, 안정된 공간에 놓아두어야 한다. 수조의 위치를 자주 옮기면 해마가 스트레스를 받는다.

두 번째로는 수조 안에 해마가 꼬리를 감을 수 있도록 인공 바닷말<sup>해조</sup>을 넣어 주어야 한다. 수족관에서 판매하는 것도 좋지만 키우려는 해마의 크기에 맞추어 직접 플라스틱 재질로 갖가지 모양의 풀과 나무를 만들어 주면 독창적인 해마의 보금자리를 꾸밀 수 있다. 이때 인공 바닷말의 표면은 거친 것보다 부드럽고 매끈한 재질을 넣어 주는 것이 좋다. 만약 표면이 거칠다면 해마가 꼬리를 감을 때 상처를 입을 수 있으므로 매끈하게 손질해 넣어 주어야 한다. 인공 바닷말을 3개 정도 넣어 주면 해마 4마리가 2마리씩 짝을 짓고 사이좋게 살아가기에 적당하다.

세 번째는 반드시 바닷물을 준비해야 한다. 바다가 가까운 곳에 있다면 직접 바닷물을 구하기가 어렵지 않겠지만, 바다와 멀리 떨어진 곳이라면 수족관에서 판매하는 인공 소금으로 바닷물을 직접 만들어야 한다. 인공 바닷물을 만드는 방법은 조금씩 차이가 있는데 인공 소금에 첨부되어 있는 설명서를 참고해서 수돗물과 인공 소금의 양을 정확히 섞어서 만든다.

네 번째는 해마가 살기에 적합한 바닷속 환경과 비슷하게 만들어 주어야 하는데, 물속에는 항상 일정한 양의 산소가 포함되어 있어야 한다. 산소 발생기와 산소 방울을 만들어 주는 에어스톤, 그리고 산소 발생기와 에어스톤을 연결시키는 에어호스를 준비한다.

다섯 번째는 수질 관리를 잘 해야 한다. 해마가 먹다 남긴 먹이나 배설물이 부패하면 물이 오염되어 해마가 살 수 없기 때문이다. 이는 사람들이 오염된 공기를 정화하기 위해 집안에 공기 청정기를 설치하는 것과 같다. 가장 흔한 방법으로는 수조 바닥에 여과기를 설치하여 여과된 물이 수조의 옆면을 통해 다시 수조로 되돌아가도록 배수관을 설치하는 것이다. 그런 후에 바닥에는 산호 자갈을 넣어 이 설치 장

에어스톤

산소 발생기

배수관

인공 바닷말

저면 여과용 산호 자갈

**해마의 수조 모식도**

비늘이 보이지 않을 만큼 덮어 놓아 안정적인 바닥을 만들어 준다. 이때 산호 자갈을 사용하는 것은 산호 표면에 있는 미세한 구멍에 미생물이 살아서 여과에 도움을 줄 뿐만 아니라, 바닷물에 포함되어 있는 일부 미네랄 성분들을 보완해 줄 수도 있기 때문이다. 에어스톤과 물이 공급되는 배수관 사이를 에어호스로 연결하여 여과된 물을 회전시키는데, 시간당 수조 전체의 물을 2~3회 회전시키는 것이 적당하다. 이렇게 설계가 되면 물은 수조 바닥에서 수조 옆면의 배수관을 통해 떨어지게 되고, 해마 배설물과 같은 덩어리 형태의 오염물은 산호 자갈에 걸려 여과가 될 것이다.

여섯 번째로 해마가 살기에 적합한 수온을 유지해 주어야 한다. 해마는 종에 따라 살 수 있는 수온의 범위가 다르다. 복해마와 롱스노우트해마, 피그미해마와 같은 열대성 해마들은 수온을 섭씨 24~28도로 일정하게 유지해 주어야 한다. 특히 이들이 겨울을 잘 날 수 있으려면 어항을 따뜻한 장소에 설치해야 하고, 수온을 높일 수 있는 난방 장치도 마련해야 주어야 한다. 만약 수온이 낮아지면 해마는 거의 먹이를 먹지 않고 활동도 하지 않고 있다가 죽게 된다. 반대로 수온이 조금이라도 적정 온도보다 높아지면 추울 때보다 더 빠른 속도로 죽음에 이르게 된다. 즉, 정상적으로 선호하는 온도보다 추워지면 어느 정도 신진대사를 조절하여 참을 수 있지만, 더워지면 2~3도 차이도 극복하지 못하고 스트레스를 받아 사망하게 된다. 예를 들면, 퍼시픽해마*Hippocampus ingens*와 같은 아열대성 해마는 수온이 섭씨 20~24도를 유지해야 하고, 대표적인 온대성 해마인 빅벨리해마에게는 섭씨 18~22도가 가장 적당한 수온이다.

일곱 번째로는 해마를 위한 적당한 먹이가 준비되어야 한다. 해마는 살아 있는 작은 물고기나 갑각류를 가장 좋아하지만, 별도의 수조에서 해마의 먹이를 따로 기르지 않으면 항상 신선한 먹이를 준다는 것이 쉽지 않다. 보통은 관상어용 먹이인 냉동 새우나 곤쟁이를 준비해서 하루에 해마 1마리가 먹이 5마리 정도를 먹을 수 있도록 수조에 넣어 주면 된다. 해마의 크기에 따라 먹이 크기도 달라지므로 키우는 해마에 알맞은 크기로 준비해야 하며, 신선도를 유지하기 위해 반드시 냉동실에 보관해 놓고 먹이는 것이 중요하다. 먹이는 한꺼번에 주지 말고 1~2마리씩 준 뒤에 다 먹기를 기다렸다가 또 넣어 주는 것이 좋다. 해마는 바닥에 떨어진 먹이를 잘 먹지 않기 때문에 남는 먹이는 물을 오염시켜 해마가 병이 드는 원인이 된다.

이러한 방식으로 해마가 자라기에 적당한 환경을 만들어 주면, 해마는 우리에게 신기하고 놀라운 광경을 보여 줄 것이다. 암수가 한 수조에서 짝짓기를 하고 수컷이 임신하여 배가 불러오는 모습을 모두 관찰할 수 있다. 그리고 3주 정도가 지나면 수컷이 보육낭 밖으로 새끼를 출산하는 놀라운 장면도 볼 수 있을 것이다. 물론 이러한 장면들을 보는 것은, 정성스럽고 세심하게 해마를 키웠을 때에만 가능한 일이다.

# 한국산 해마의 탄생

한국해양연구원에서는 2008년에 국내 최초로 한국산 해마인 산호해마를 인공적으로 생산하는 데 성공하였다. 급격한 자연환경 변화로 사라져 가는 해마를 서식지인 전라남도 여수 부근에서 어렵게 채집해 실내에서 1년 동안 길러 내면서 100여 마리의 새끼를 부화시키는 데 성공한 것이다.

2008년 여름, 몸을 뒤틀면서 출산을 준비하는 아빠 해마 한 마리 때문에 실험실은 설렘과 긴장으로 밤을 꼬박 새우고 새벽을 맞았다. 지난해 가을, 전라남도 여수 부근 잘피 숲에서 어렵게 채집한 5마리의 해마를 그동안 고이 키워 왔는데, 그중 한 쌍의 해마가 짝을 이루더니 수컷 해마의 배가 점차 불러 왔다. 그리고 보름 전부터는 부른 배 때문에 움직이기가 힘든지 수조 한 구석에서 가짜 해조류에 꼬리를 감은 채 도통 움직

긴장과 설렘 속에 탄생한 한국산 해마의 이틀째 모습

이려 들지 않았다. 우선 임신한 수컷 해마의 심리적 안정을 위해 함께 지내던 해마들을 다른 수조로 옮겼다. 임신한 아빠 해마가 편히 쉴 수 있도록 수온과 먹이, 물속 산소 농도 등을 꼼꼼히 살폈다. 그동안 외국에서 수입해 온 해마를 키우면서는 여러 차례 출산을 경험한 적이 있었지만, 우리나라 남해안에서 잡은 산호해마가 우리 연구소에서 처음으로 번식한다면 과학자로서 이보다 더 기쁜 일은 없을 것이다.

　해마의 새끼가 태어나면 곧바로 충분한 산소와 먹이를 제공해야 하므로, 갓 태어난 새끼 해마가 먹기에 적당한 크기의 동물플랑크톤을 충분하게 준비해 두었다. 그러나 막 태어난 새끼 해마는 시각이 발달하지 않아 먹이를 제대로

찾아 먹지 못한다. 그래서 적당한 밝기의 조명을 사육 수조에 비추어 동물플랑크톤이 한곳으로 모이게 해서 새끼 해마가 쉽게 먹이를 찾을 수 있도록 도와줄 준비도 끝냈다. 새끼를 낳은 수컷 해마도 원기를 회복할 수 있도록 아기를 낳은 산모에게 미역국을 먹이듯이 영양이 풍부한 먹이를 챙겨 먹여야 한다. 우리는 해마의 출산 준비를 마치고 마음을 졸이며 순산하기만을 기다리고 있었다.

출산의 기미를 보인 지 10여 시간이 지났다. 해마는 비로소 출산의 고통을 온몸으로 표현하였다. 꼬리를 가짜 해조류에 단단히 감고 몸을 격렬하게 상하 좌우로 비틀면서 출산이 임박했음을 보여 주었다. 평소 분당 50여 회였던 호흡수는 출산이 가까워지면서 분당 80여 회로 급격히 빨라졌다. 호흡 변화와 같은 출산

**한국산 해마의 배양**   실험실에서 막 부화된 한국산 새끼 해마(위)와 수조에서 생활하고 있는 한국산 해마들(아래)

징후가 관찰된 지 7분쯤 지나 수컷 해마 복부에 있는 보육낭의 입구가 열리더니 새끼 해마 한 마리가 나왔다. 이를 시작으로 수컷 해마는 보육낭의 강한 펌프 작용을 이용해 채 10분도 지나기 전에 117마리의 새끼 해마를 세상 밖으로 내보냈다. 처음으로 한국산 산호해마가 한국해양연구원 실험실 구석에서 새 생명을 탄생시키는 순간이었다. 이 과정 동안 아빠 해마는 마치 포유류가 겪는 긴 출산의 고통을 그대로 재현하는 것 같았다. 어항에 가득한 새끼 해마가 물속에서 꼬물거리며 움직였다. 이 작은 생명들을 바라보며 감격스러움과 생명의 숭고함에 가슴이 뭉클해졌다.

이들 117마리의 어린 해마들은 연구원 실험실 한구석에서 겨울을 두 번이나 났지만 2010년까지 2마리만이 살아남았다. 비록 실험실에서 부화되었어도 이들 해마에게서 새끼가 한 번이라도 더 태어나기를 많은 사람들이 기원하였으나, 불행히도 수컷만 2마리 살아남아 세대교체는 이룰 수 없었다.

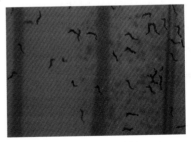

실험실에서 자라고 있는 어린 해마들

해마에게 신선하고 건

해마의 먹이생물을 포획하는 모습(위), 해마 먹이로 채집한 곤쟁이(아래)

강한 먹이를 먹이기 위해 매주 바다까지 가서 동물플랑크톤 네트로 곤쟁이를 잡아오곤 했었다. 겨울에는 바닷가 웅덩이의 얼음을 깨고 곤쟁이를 채집하려 했지만 잡을 수 없어서 하는 수 없이 냉동시켜 두었던 곤쟁이를 주었는데도 잘 받아먹어 주어 무척이나 고마웠다. 2009년 여름에는 살아남은 수컷들의 짝을 찾아 주려고 여수 앞바다의 잘피 숲을 샅샅이 뒤졌지만, 겨우 한 마리만 채집한 것에 만족해야 했다. 마지막까지 살아 주었던 녀석들에 대한 기억이 아직도 선명하다. 크기가 겨우 10센티미터에 불과한 한국산 산호해마는 점점 자연에서 채집하기가 어려워지고 있다. 실험실에서도 잘 자라는 호주산 해마처럼 한국산 해마가 다시 한 번 새끼를 낳고, 그 새끼 해마들이 자라 다시 짝을 짓고 가족을 이루면서 건강하게 살아가는 모습을 볼 수 있기를 기대해 본다.

## 전 세계 해마 목록

| 번호 | 학명 | 영문명 | 한국명 |
|---|---|---|---|
| 1 | *Hippocampus abdominalis* | Big-belly seahorse | 빅벨리해마 |
| 2 | *Hippocampus alatus* | Winged seahorse | 윙드해마 |
| 3 | *Hippocampus algiricus* | West African seahorse | 웨스트아프리칸해마 |
| 4 | *Hippocampus angustus* | Narrow-bellied seahorse | 네로우벨리해마 |
| 5 | *Hippocampus barbouri* | Barbour's seahorse | 바브리해마 |
| 6 | *Hippocampus bargibanti* | Pygmy seahorse | 피그미해마 |
| 7 | *Hippocampus biocellatus* | False-eyed seahorse | 펠스아이해마 |
| 8 | *Hippocampus borboniensis* | Reunion seahorse | 리유니온해마 |
| 9 | *Hippocampus breviceps* | Short-head seahorse | 숏해드해마 |
| 10 | *Hippocampus camelopardalis* | Giraffe seahorse | 기린해마 |
| 11 | *Hippocampus capensis* | Knysna seahorse | 나이스나해마 |
| 12 | *Hippocampus colemani* | coleman's pygmy seahorse | 콜레만피그미해마 |
| 13 | *Hippocampus comes* | Tiger tail seahorse | 타이거테일해마 |
| 14 | *Hippocampus coronauts* | Crowned seahorse | 왕관해마 |
| 15 | *Hippocampus curvicuspis* | New Caledonian thorny seahorse | 뉴칼레도니아가시해마 |
| 16 | *Hippocampus debelius* | softcoral pygmy seahorse | 연산호피그미해마 |
| 17 | *Hippocampus denise* | Denise's pygmy seahorse | 데니스피그미해마 |
| 18 | *Hippocampus erectus* | Lined seahorse | 라인드해마 |
| 19 | *Hippocampus fisheri* | Fisher's seahorse | 피쉬어해마 |
| 20 | *Hippocampus fuscus* | Sea pony seahorse | 씨포니해마 |

| 번호 | 학명 | 영문명 | 한국명 |
|---|---|---|---|
| 21 | *Hippocampus grandiceps* | Big-head seahorse | 빅해드해마 |
| 22 | *Hippocampus guttulatus* | Long-snouted seahorse | 롱스노우티드해마 |
| 23 | *Hippocampus hendriki* | Eastern spiny seahorse | 이스턴스파이니해마 |
| 24 | *Hippocampus hippocampus* | Short snouted seahorse | 숏스노우티스해마 |
| 25 | *Hippocampus histrix* | Thorny seahorse | 가시해마 |
| 26 | *Hippocampus ingens* | Pacific seahorse | 퍼시픽해마 |
| 27 | *Hippocampus jayakari* | Jayakar's seahorse | 자야카해마 |
| 28 | *Hippocampus jugumus* | Collared seahorse | 콜라드해마 |
| 29 | *Hippocampus kelloggi* | Great seahorse | 그레이트해마 |
| 30 | *Hippocampus kuda* | Spotted seahorse | 복해마 |
| 31 | *Hippocampus lichtensteinii* | Lichtenstein's seahorse | 라이키텐스테인해마 |
| 32 | *Hippocampus minotaur* | Bullneck seahorse | 불넥해마 |
| 33 | *Hippocampus mohnikei* | Coral seahorse | 산호해마 |
| 34 | *Hippocampus montebelloensis* | Monte Bello seahorse | 몬테벨로해마 |
| 35 | *Hippocampus multispinus* | Northern spiny seahorse | 노던스파이니해마 |
| 36 | *Hippocampus paradoxus* | Paradoxical seahorse | 파라독씨칼해마 |
| 37 | *Hippocampus patagonicus* | patagonian seahorse | 파타고니안해마 |
| 38 | *Hippocampus pontohi* | Pontohi pygmy seahore | 폰토히피그미해마 |
| 39 | *Hippocampus procerus* | High-crown seahorse | 하이크라운해마 |
| 40 | *Hippocampus pusillus* | Pygmy thorny seahorse | 피그미가시해마 |

| 번호 | 학명 | 영문명 | 한국명 |
|---|---|---|---|
| 41 | *Hippocampus queenslandicus* | Queensland seahorse | 퀸즈랜드해마 |
| 42 | *Hippocampus reidi* | Longsnout seahorse | 롱스노우트해마 |
| 43 | *Hippocampus satomiae* | Satomi's pygmy seahorse | 사토미피그미해마 |
| 44 | *Hippocampus semispinosus* | Half-spined seahorse | 하프스파인드해마 |
| 45 | *Hippocampus severnsi* | Severn's seahorse | 쎄번해마 |
| 46 | *Hippocampus sindonis* | Dhiho's seahorse | 디히호해마 |
| 47 | *Hippocampus spionsissimus* | Hedgehog seahorse | 해지호그해마 |
| 48 | *Hippocampus subelongatus* | West Australian seahorse | 웨스트오스트렐리아해마 |
| 49 | *Hippocampus trimaculatus* | Longnose seahorse | 점해마 |
| 50 | *Hippocampus tyro* | Tyro's seahorse | 티로해마 |
| 51 | *Hippocampus waleananus* | Walea pygmy seahorse | 왈레아피그미해마 |
| 52 | *Hippocampus whitei* | White's seahorse | 화이트해마 |
| 53 | *Hippocampus zebra* | Zebra seahorse | 지브라해마 |
| 54 | *Hippocampus zosterae* | Dwarf seahorse | 드와프해마 |

# 세계의 주요 해마종

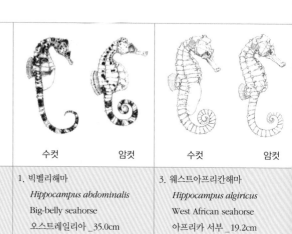

수컷　　　암컷　　　　수컷　　　암컷

| 번호 : 한국 이름<br>학명<br>영어 이름<br>사는 곳 _ 최대 크기 | 1. 빅벨리해마<br>*Hippocampus abdominalis*<br>Big-belly seahorse<br>오스트레일리아 _35.0cm | 3. 웨스트아프리칸해마<br>*Hippocampus algiricus*<br>West African seahorse<br>아프리카 서부 _19.2cm |

 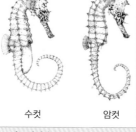 

수컷　　　암컷　　　　수컷　　　암컷　　　　　　암컷

| 4. 네로우벨리해마<br>*Hippocampus angustus*<br>Narrow-bellied seahorse<br>인도 _22.0cm | 5. 바브리해마<br>*Hippocampus barbouri*<br>Barbour's seahorse<br>서태평양 _15.0cm | 6. 피그미해마<br>*Hippocampus bargibanti*<br>Pygmy seahorse<br>동남아시아 _2.4cm |

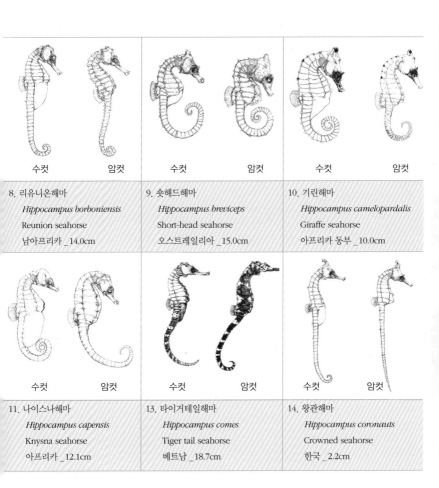

| 수컷 암컷 | 수컷 암컷 | 수컷 암컷 |
|---|---|---|
| 8. 리유니온해마<br>*Hippocampus borboniensis*<br>Reunion seahorse<br>남아프리카 _ 14.0cm | 9. 숏해드해마<br>*Hippocampus breviceps*<br>Short-head seahorse<br>오스트레일리아 _ 15.0cm | 10. 기린해마<br>*Hippocampus camelopardalis*<br>Giraffe seahorse<br>아프리카 동부 _ 10.0cm |
| 수컷 암컷 | 수컷 암컷 | 수컷 암컷 |
| 11. 나이스나해마<br>*Hippocampus capensis*<br>Knysna seahorse<br>아프리카 _ 12.1cm | 13. 타이거테일해마<br>*Hippocampus comes*<br>Tiger tail seahorse<br>베트남 _ 18.7cm | 14. 왕관해마<br>*Hippocampus coronauts*<br>Crowned seahorse<br>한국 _ 2.2cm |

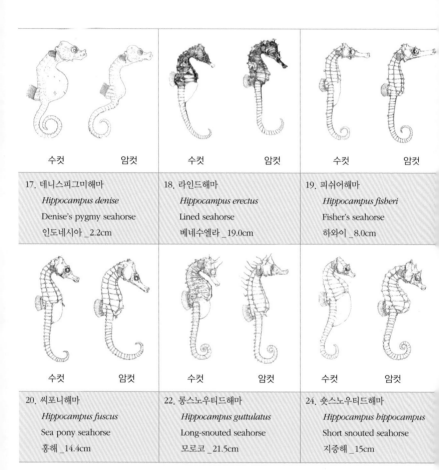

| 수컷　　　　　암컷 | 수컷　　　　　암컷 | 수컷　　　　　암컷 |
|---|---|---|
| 17. 데니스피그미해마<br>*Hippocampus denise*<br>Denise's pygmy seahorse<br>인도네시아 _ 2.2cm | 18. 라인드해마<br>*Hippocampus erectus*<br>Lined seahorse<br>베네수엘라 _ 19.0cm | 19. 피쉬어해마<br>*Hippocampus fisheri*<br>Fisher's seahorse<br>하와이 _ 8.0cm |
| 수컷　　　　　암컷 | 수컷　　　　　암컷 | 수컷　　　　　암컷 |
| 20. 씨포니해마<br>*Hippocampus fuscus*<br>Sea pony seahorse<br>홍해 _ 14.4cm | 22. 롱스노우티드해마<br>*Hippocampus guttulatus*<br>Long-snouted seahorse<br>모로코 _ 21.5cm | 24. 숏스노우티드해마<br>*Hippocampus hippocampus*<br>Short snouted seahorse<br>지중해 _ 15cm |

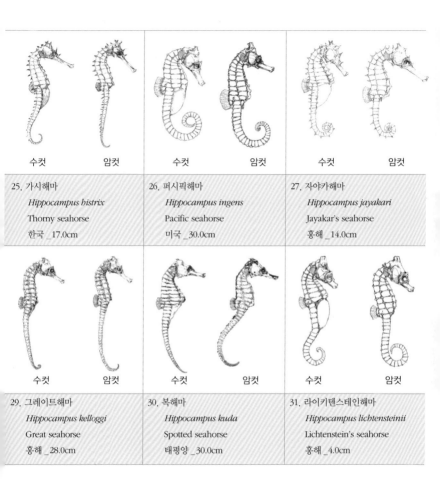

| | | |
|---|---|---|
| 수컷 　 암컷 | 수컷 　 암컷 | 수컷 　 암컷 |
| 25. 가시해마<br>*Hippocampus histrix*<br>Thorny seahorse<br>한국 _ 17.0cm | 26. 퍼시픽해마<br>*Hippocampus ingens*<br>Pacific seahorse<br>미국 _ 30.0cm | 27. 자야카해마<br>*Hippocampus jayakari*<br>Jayakar's seahorse<br>홍해 _ 14.0cm |
| 수컷 　 암컷 | 수컷 　 암컷 | 수컷 　 암컷 |
| 29. 그레이트해마<br>*Hippocampus kelloggi*<br>Great seahorse<br>홍해 _ 28.0cm | 30. 복해마<br>*Hippocampus kuda*<br>Spotted seahorse<br>태평양 _ 30.0cm | 31. 라이키텐스테인해마<br>*Hippocampus lichtensteinii*<br>Lichtenstein's seahorse<br>홍해 _ 4.0cm |

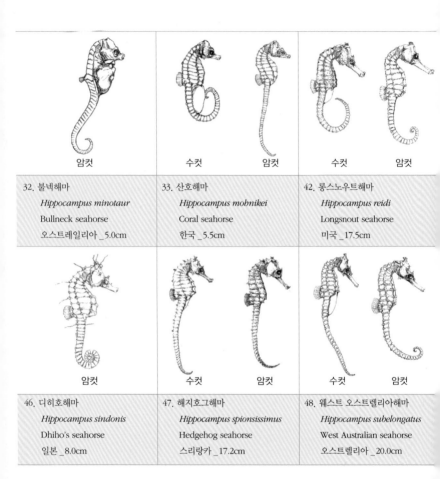

| 암컷 | 수컷 | 암컷 | 수컷 | 암컷 |

| 32. 불넥해마 | 33. 산호해마 | 42. 롱스노우트해마 |
| *Hippocampus minotaur* | *Hippocampus mohnikei* | *Hippocampus reidi* |
| Bullneck seahorse | Coral seahorse | Longsnout seahorse |
| 오스트레일리아 _ 5.0cm | 한국 _ 5.5cm | 미국 _ 17.5cm |

| 암컷 | 수컷 | 암컷 | 수컷 | 암컷 |

| 46. 디히호해마 | 47. 해지호그해마 | 48. 웨스트 오스트렐리아해마 |
| *Hippocampus sindonis* | *Hippocampus spionsissimus* | *Hippocampus subelongatus* |
| Dhiho's seahorse | Hedgehog seahorse | West Australian seahorse |
| 일본 _ 8.0cm | 스리랑카 _ 17.2cm | 오스트렐리아 _ 20.0cm |

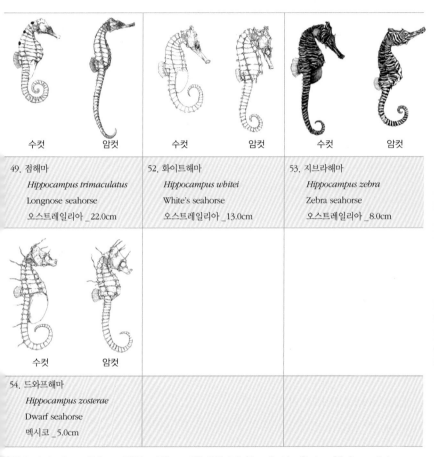

| 수컷 암컷 | 수컷 암컷 | 수컷 암컷 |
|---|---|---|
| 49. 점해마<br>*Hippocampus trimaculatus*<br>Longnose seahorse<br>오스트레일리아 _22.0cm | 52. 화이트해마<br>*Hippocampus whitei*<br>White's seahorse<br>오스트레일리아 _13.0cm | 53. 지브라해마<br>*Hippocampus zebra*<br>Zebra seahorse<br>오스트레일리아 _8.0cm |
| 수컷 암컷 | | |
| 54. 드와프해마<br>*Hippocampus zosterae*<br>Dwarf seahorse<br>멕시코 _5.0cm | | |

출처: Lourie SA, Foster AJ, Cooper EWT, and Vincent ACJ. 2004. A Guide to the Identification of Seahorses. Project Seahorse

■사진에 도움을 주신 분들

김억수, 잭피쉬 29쪽, 물고기 알 54쪽, 흰동가리와 조피볼락 87쪽

서정우(TSDI 트레이너), 해마 머리 20쪽, 해마의 위장 44쪽, 해마 암컷 84쪽,
　이쁜 해마 107쪽

스쿠버다이버, 말린 해마 69쪽, 해마 꼬치 69쪽

정준연(수중 사진 전문가), 해마 11쪽, 해마의 눈 20쪽, 피그미해마 21, 37, 60쪽,
　해마의 이동 24쪽, 참치 28쪽, 해마 친척3,4 33쪽, 파이프호스 34쪽, 혼자
　있는 해마 53쪽, 숨은 해마 63쪽, 새끼 해마 90쪽, 이쁜 해마 106, 107쪽

정무용(수중 사진 전문가), 임신 중인 해마 25, 94쪽, 해마 친척2 33쪽, 꼬리 감은
　해마 60쪽, 이쁜 해마 106, 107쪽

허세창(수중 사진 전문가), 왕관해마 46, 79, 96쪽, 이쁜 해마 106쪽

http://cfs15.tistory.com/image/36/tistory/2008/11/22/21/43/4927fe5c20e18
　갑주어 머리 화석 측면 16쪽

http://ithinc.webs.com/apps/blog/?page=3 짝짓기 하는 해마 84쪽

http://malawicichlids.com/chambo_female_with_fry.jpg 참보 56쪽

http://resources.waza.org/files/images/w(415)h(252)c(1)/fb43316139814
　718089e071b498d3a53.JPG 카디날피쉬 56쪽

http://2.bp.blogspot.com/-LqociAo0ars/TmgtyCu1LaI/AAAAAAAAAO0/Ua-
　qJKkGfg0/s1600/spiny+dogfish.jpg 곱상어 56쪽

www.abdn.ac.uk 실러캔스 17쪽

www.arnes.si 해마 화석 14쪽

www.nationalgeographic.com 해마화석 14쪽

www.ucmp.berkeley.edu/vertebrates/basalfish/dunkleosteus.jpg 갑주어
　머리 화석 정면 16쪽

www.yale.edu/caccone/ecosave/images/past_phylo-rotifer.jpg 해마의

먹이 윤충류 64쪽

■참고문헌

김익수 외 지음, 2005, 한국어류대도감, 교학사.

김풍등, 2011, 해마스페셜, 스쿠바다이버 142호: 38~87.

신동원, 1999, 한 권으로 읽는 동의보감, 들녘.

이영록, 1997, 생명의 기원과 진화, 고려대학교 출판부.

카츠미 아이다 지음 / 권혁추 외 옮김, 2007, 어류생리학, 바이오사이언스.

Carcupino M · Baldacci M · Mazzini M · Franzoi P, 2002, Functional significance of the male brood pouch in the reproductive strategies of pipefishes and seahorses: a morphological and ultrastructural comparative study on three anatomically different pouches. Journal of fish biology, 61, 1465~1480.

Choi C, 2009, Oldest Seahorse Found; Help Solve Mystery. National Gerographic News.

Clutton-Brock T.H. · Vincent A.C.J., 1991, Sexual selection and the potential reproductive rates of males and females, Nature, 351, 58~60.

Farmer C, 1997, Did lungs and the intracardiac shunt evolve to oxygenate the heart in vertebrates?, Paleobiology, 358~372.

Foster S.J. · Vincent A.C.J., 2004, Life history and ecology of seahorses: implication for conservation and management. Journal of Fish Biology, 65, 1~61.

Heather J.K. · Martin-Smith, K.M., 2010, A global review of seahorse aquaculture, Aquaculture, 302, 131~152.

Helen S, 2009, Poseidon's Steed: The Story of Seahorses, from Myth to

Reality, Gotham Books, 223pp.

IUCN, 2010, The IUCN Red List of Threatened Species. (in website_ http://www.iucnredlist.org/initiatives)

Lourie A.S. Foster S.J. Cooper E.W.T. Vincent A.C.J., 2004, A Guide to the Identification of Seahorses, Project Seahorse and TRAFFIC North America, 1~113.

Meeuwig J. Samoily M, 2003, Guide to monitoring seahorses fisheries. Project seahorse technical report series version 1.1.

Pagel M, 2003. Polygamy and parenting, Nature, 424, 23~24.

Unschuld P.U., 1986, Medicine in China: A History of Pharmaceutics, University of California Press, 337pp.

Project Seahorse, 2011, Why seahorses?, 2011, (in website_ http://seahorse.fisheries.ubc.ca)

Sam V.W. · Gert R. · Annelies G. · Heleen L. · Peter A. · Dominique A.?Anthony H., 2009, Suction is kid's play: extremely fast suction in newborn seahorses, Biology Letters, 5(2), 200~203.

Stölting K.N. Wilson A.B., 2007. Male pregnancy in seahorses and pipefish: beyond the mammalian model. Bioessays. 884~896.

Teske P.R. · Beheregaray L.B., 2009, Evolution of seahorses' upright posture was linked to oligocene expansion of seagrass habitats. Biology Letters, 5(4), 521~523.

Wilson A.B. · Ahnesjö · I. · Vincent A.C.J. · Meyer A., 2003, The dynamics of male brooding, mating patterns, and sex roles in pipefishes and seahorses(Family Syngnathidae), Evolution, 57(6), 1374~1386.